广西地方家禽

遗传资源保护与利用

廖玉英 主编

 中国农业科学技术出版社

图书在版编目（CIP）数据

广西地方家禽遗传资源保护与利用／廖玉英主编．-- 北京：中国农业科学技术出版社，
2021.5

ISBN 978 - 7 - 5116 - 5285 - 0

Ⅰ．①广⋯ Ⅱ．①廖⋯ Ⅲ．①家禽–品种资源–资源保护–广西②家禽–品种资源–资源
利用–广西 Ⅳ．①S83

中国版本图书馆 CIP 数据核字（2021）第 066291 号

责任编辑	周丽丽
责任校对	马广洋
责任印制	姜义伟　王思文

出 版 者	中国农业科学技术出版社
	北京市中关村南大街 12 号　邮编：100081
电　　话	（010）82109194（编辑室）82109702（发行部）
	（010）82109709（读者服务部）
传　　真	（010）82109194
网　　址	http://www.castp.cn
经 销 者	各地新华书店
印 刷 者	北京建宏印刷有限公司
开　　本	170mm×240mm　1/16
印　　张	13.75
字　　数	240 千字
版　　次	2021 年 5 月第 1 版　2021 年 5 月第 1 次印刷
定　　价	58.00 元

《广西地方家禽遗传资源保护与利用》

编 委 会

生物多样性是人类社会赖以生存和发展的物质基础，畜禽遗传资源是生物多样性的重要组成部分。广西地处南亚热带季风气候区，丰富的雨热资源造就了丰富的动植物资源，得天独厚的自然生态条件和深厚的历史人文底蕴造就了广西丰富的、独具特性的家禽遗传资源。广西家禽遗传资源不仅种类多，而且具有抗逆性强、品质好、遗传性能稳定等特点，将其广泛应用于广西家禽业生产，是发展优势特色畜牧业的重要资源和培育家禽新品种不可或缺的原始素材，在广西畜牧业可持续发展中发挥着重要作用。

家禽遗传资源是人类社会发展中历史和文化沉淀的产物，承载了丰富的内涵，同时也处于动态变化和不断更新之中。如实记录广西家禽遗传资源的形成、发展过程，客观描述并科学分析各品种的种质特性及其与自然、生态、市场需求的关系，对于加强家禽遗传资源保护和管理，促进广西家禽产业可持续发展，满足人民对家禽产品多样化需求有着重大的战略意义。

本书较系统地论述了广西地方家禽品种遗传资源的演变和发展，翔实记载了广西家禽遗传资源的情况，具有一定学术水平和参考价值。本书的出版将为广西制定家禽遗传资源保护和合理开发利用相关规划、开展科学研究、发展优势特色畜牧业提供科学依据。

本书凝聚了广西畜牧战线广大科技人员、专家学者的心血和汗水。值此出版之际，谨向参与家禽遗传资源调查和本书编纂工作的全体同志表示衷心感谢和热烈祝贺！同时，诚挚希望社会各界继续关心支持和积极参与广西家禽遗传资源保护与开发利用事业，希望广西广大畜牧兽医科技工作者继续努力、开拓进取，为广西优势特色畜牧业可持续发展做出更大贡献。

2021 年 3 月

编者

地方鸡品种

广 西 三 黄 鸡

一、一般情况

广西三黄鸡，又名三黄鸡，因喙黄、皮黄、胫黄而得名，属肉用型地方鸡品种。

（一）原产地、中心产区及分布

传统中心产区为桂平麻垌与江口、平南大安、岑溪糯洞、贺州信都；经选育繁殖的三黄鸡主要在玉林、北流、博白、容县、岑溪等地；其次是分布在梧州、苍梧、贵港、钦州、灵山、北海、合浦、南宁、横县等市县；桂林、柳州、来宾、百色、河池也有零星饲养。鸡苗和肉鸡在广东、湖南、浙江、海南、河南、四川、云南等20多个省均有销售。

（二）原产区自然生态条件

1. 产区经纬度、地势、海拔

主产区玉林市位于广西壮族自治区（以下简称广西）东南部，地处东经109°32′~110°53′，北纬21°38′~23°07′，均处在北回归线以南。地貌属丘陵台地，地势西北高、东南低，自西向东、自北向南倾斜走向。境内山地、丘陵地、谷地、台地、平原互相交错，尤以丘陵台地分布广泛。平原盆地占全市面积17.4%，丘陵地占土地总面积的49.4%，山地占33.2%。其中高丘海拔250~500m，坡度绝大部分在15°~45°，中丘海拔100~250m，坡度在5°~45°，低丘海拔在100m以内，坡度在15°~35°。

2. 气候条件

产区属典型的南亚热带季风气候，光照充足，热量丰富，雨量充沛，气候温和。平均气温 21.6 ~ 22.5℃，年平均降水量 1 900 ~ 2 400 mm，年平均日照 1 700 h 左右，年平均无霜期 350 d 左右。

3. 水源及土质

境内地域分为两大水系，一是珠江流域西江水系；二是单独流入东南沿海水系，主要河流是南流江，经过玉林、博白于合浦县入海。集雨面积 1 000 km^2 的河流有 7 条，集雨面积 50 km^2 的河流有 72 条，年平均地下水量模数为 3.08 × 10^4 m^3/km^2。地表径流量 1.03 × 10^{10} m^3，水资源总量为 1.315 × 10^{10} m^3。

土壤分为水稻土、黄壤、红壤、紫色土、冲积土、石灰（岩）土、赤红壤 7 个土类，对热带亚热带作物生长极为有利。矿产资源主要有铝、锌、锰、铁、锑、锡、铜等 10 多种金属矿和硫、磷、石灰石、高岭土、花岗石、稀土、大理石、水晶石、矿泉等 20 多种非金属矿。

4. 农作物、饲料作物种类及生产情况

主要农作物有水稻、玉米、甘蔗、甘薯、木薯、豆类、花生等。粮食和油料作物生产是当地种植业主导产业。丰富的农作物为广西三黄鸡的产业发展提供了充足的饲料资源。

5. 土地利用情况、耕地及草场面积

玉林市耕地面积 19.49 万 hm^2，占土地面积的 23.53%，宜林果地 27.8 万 hm^2，森林覆盖面广，经济林果树种植量大，草山草坡较多，林草覆盖率达 58.47%。牧草地 10.33 万 hm^2，其中人工种草 4 280 hm^2，改良草地 2 530 hm^2。为广西三黄鸡的放牧饲养提供了良好的环境条件。

6. 品种对当地的适应性及抗病能力

广西三黄鸡是产区劳动人民经过长期人工选育和自然驯化而形成的优良地方品种，历史悠久，完全适应本地的气候条件。具有觅食力强、适应性广、耐粗饲、抗病力强、性成熟早等特点，能适应舍内平养、笼养、放牧饲养等各种饲养形式，能适应在全国大部分省份饲养。

二、品种来源及发展

（一）品种来源

三黄鸡的形成是当地群众长期选择的结果。在封建社会，红色表示吉庆，黑色和白色表示不吉利，而黄色则是有权势的表示，古代皇帝都穿黄袍，群众也喜爱黄色。每逢送礼，一对三黄鸡，公红母黄，称为开面鸡。鸦片战争后，中国香港和中国澳门地区被强行租借为港口，每年都需大量的三黄鸡供应。广西自桂平至梧州一带沿浔江县份，由于水路交通方便，常有商人前来收购三黄鸡用于出口，因此也饲养这种鸡，经多年群众性的自发养殖和选育，形成了连片产区。

中华人民共和国成立以后，外贸活动不断发展，活鸡出口的需要量不断增加，所以三黄鸡的产区也日渐扩展到桂东南一带。1971 年，广西外贸局确定桂东南的 16 个县为活鸡出口基地县，每个基地县都办起了外贸鸡场，饲养规模逐年扩大，每年出口量也由 200 多万只增至 1982 年的 400 多万只。

20 世纪 80 年代以后，由于市场经济的冲击，多数外贸鸡场面临倒闭。而玉林市畜牧业主管部门、岑溪外贸鸡场、博白外贸鸡场为了适应市场发展变化的需要，坚持开展本品种选育，以生态养鸡的发展理念，利用山坡地、果园从事养鸡生产，主销粤、港、澳，以其特有的地方风味深受市场欢迎。同时指导养殖企业加大新品种的培育力度，推出了企业的特有品种，创出了企业的品牌。如"参皇鸡""金大叔土三黄鸡""古典型岑溪三黄鸡"等。

（二）群体数量消长形势

1. 数量规模变化

三黄鸡是广西所有地方品种中发展最快的，年出栏量已由 1982 年的 400 多万只增加到 2019 年的 2 亿多只；种鸡场由 16 个出口基地发展到 24 家大规模场，这些种鸡场的种鸡数量由几十万只发展到 400 多万只。1997 年后饲养量迅速增加，至 2019 年，种鸡饲养量为 200 万套。2000 年以来，除了销售地区从南向北扩展外，全国很多饲养黄羽优质鸡的种鸡场都导入广西三黄鸡作为育种素材培育配套系新品种。

2. 品质变化

由于采取了放牧饲养，肉鸡在放养过程中按需觅食，既吃到全价料，又可觅食小虫、草根，经过长期放养和选育，三黄鸡形成了自己的特点，除具有"喙黄、皮黄、胫黄"的三黄特征外，还具有体形矮小、体质结实、结构匀称、皮毛紧凑有光泽、肉质鲜美的特点。一般饲养 4 ~ 5 个月，母鸡重 1.25 kg，公鸡重 1.75 kg，和 20 世纪 80 年代资源普查情况相比，肉质风味、体重变化不大，但饲养周期缩短了 1 个月，同时群体整齐度有了很大提高，经选育后种鸡年平均产蛋已由原来的 78 个提高到（145 ± 15）个。

3. 濒危程度

无危险。

二、体型外貌

1. 雏鸡、成鸡羽色及羽毛重要遗传特征，雏鸡绒毛呈淡黄色

传统的三黄鸡成年公鸡羽毛酱红色，颈羽色泽比体羽稍浅，翼羽带黑边，主尾羽与瑶羽黑色并带金属光泽。成年母鸡羽毛黄色，主翼羽和副翼羽带黑边或呈黑色，有的母鸡颈羽有黑色斑点或镶黑边。而经选育后的三黄鸡则因各公司选择的方向不同形成了浅黄、金黄、深黄等类型的毛色。如岑溪的古典型三黄鸡成年公鸡羽色以金黄色为基本色，颈羽比体羽色深，背羽颜色深于胸、腹羽，胸、腹部羽毛基本为黄色；母鸡羽毛颜色以淡黄色为基本颜色，颈羽比体羽色深，翼羽展开后才可见黑色条斑。博白三黄鸡成年公鸡颜色以深黄或酱红色为基本色而颈羽比体羽色淡，背羽颜色深于胸、腹羽，胸、腹部羽毛基本为黄色，翼羽和尾羽有黑色或蓝黑色条斑并带金属光泽；母鸡羽毛颜色以金黄色为主，颈羽比体羽色淡。

2. 肉色、胫色、喙色及肤色

肉白色；脚胫、爪黄色或肉色；喙黄色，有的前端为肉色渐向基部呈栗色；皮肤黄色。

3. 外貌描述

（1）体型特征

躯体短小而丰满，外貌清秀，屠宰去羽毛后的躯干，形状如柚子形，即前躯较小，后躯肥大，胸部两侧的肌肉隆起而饱满，后躯皮下脂肪比前躯丰足，整个背部光滑，髂骨与耻骨部位以及肛门附近饱满，富有皮下脂肪，皮质油亮

而有光泽，毛孔排列整齐而紧密。

（2）头部特征

单冠、直立、颜色鲜红，冠齿 5～8 个，20 日龄公鸡冠明显比母鸡冠高大、鲜红。耳叶红色，虹彩橘黄色（图 1）。

图 1 广西三黄鸡

四、饲养管理

广西三黄鸡的肉质胜于其他肉用鸡品种，除品种因素外，与饲养方式也有关系。传统的饲养方式是庭院散养，早晚各喂一餐谷物。20 世纪 80 年代以来，随着规模养殖的发展，种鸡既可地面平养或网上平养，也可笼养；既可让鸡群自然交配，也可进行人工授精；小鸡培育既可地面平养，也可网上平养，还可进行笼养。90 年代以后，种鸡笼养人工授精成为主流。因为三黄鸡活泼好动，育肥鸡饲养应采用放牧或半放牧的饲养方式，特别是利用林区和果园进行轮牧放养。在这种条件下养出的肉鸡，羽毛特别光亮，肌肉特别结实，在市场上最受消费者的欢迎。轮牧放养的鸡群应有充足的采光和活动场所，每 1 000 只鸡的自由活动场地不少于 2 亩（1 亩 ≈ 667m²，1hm²=15 亩，全书同），要注意防止场地的老化，每批鸡出栏完毕后，场地最少间隔 1～2 个月才能进养另一批鸡的方式，进行适度规模轮牧放养。

五、品种保护与研究利用现状

（一）生化或分子遗传测定

1. 基于微卫星标记评估群体遗传资源多样性

广西壮族自治区畜牧研究所家禽研究团队对广西三黄鸡保种场进行遗传

多样性研究，根据联合国粮食及农业组织（FAO）推荐使用的最新鸡的微卫星标记和相关文献资料报道，选择等位基因数多，多态性含量丰富的微卫星18个（MCW0123，ADL0112，MCW0014，MCW0034，MCW0103，MCW0295，MCW0078，MCW0222，MCW0098，MCW01111，MCW0037，MCW0248，LEI0166，ADL0268，MCW0216，MCW0020，MCW0206，MCW0183）。所用引物5'端均用FAM荧光标记，以便PCR产物片段的基因扫描。根据基因扫描图，整理两个次代这18对微卫星座位等位基因数据，利用POP32生物软件进行分析，得到不同品种不同位点的等位基因频率、等位基因数、有效等位基因数、杂合度、多态信息含量（PIC）。各微卫星位点引物信息见表1。

表1　微卫星标记分析结果

微卫星	染色体	引物序列
MCW0123	Chr.14	5'-CCACTAGAAAAGAACATCCTC-3' 5'-GGCTGATGTAAGAAGGGATGA -3'
ADL0112	Chr.10	5'-GGCTTAAGCTGACCCATTAT-3' 5'-ATCTCAAATGTAATGCGTGC -3'
MCW0014	Chr.6	5'-TATTGGCTCTAGGAACTGTC -3' 5'-GAAATGAAGGTAAGACTAGC -3'
MCW0034	Chr.2	5'-TGCACGCACTTACATACTTAGAGA-3' 5'-TGTCCTTCCAATTACATTCATGGG-3'
MCW0103	Chr.3	5'-AACTGCGTTGAGAGTGAATGC-3' 5'-TTTCCTAACTGGATGCTTCTG-3'
MCW0295	Chr.4	5'-ATCACTACAGAACACCCTCTC-3' 5'-TATGTATGCACGCAGATATCC-3'
MCW0078	Chr.8	5'-CCACACGGAGAGGAGAAGGTCT-3' 5'-TAGCATATGAGTGTACTGAGCTTC-3'
MCW0222	Chr.3	5'-GCAGTTACATTGAAATGATTCC-3' 5'-TTCTCAAAACACCTAGAGAC-3'
MCW0098	Chr.4	5'-GGCTGCTTTGTGCTCTTCTCG-3' 5'-CGATGGTCGTAATTCTCACGT-3'
MCW0111	Chr.1	5'-GCTCCATGTGAAGTGGTTTA-3' 5'-ATGTCCACTTGTCAATGATG-3'
MCW0037	Chr.3	5'-ACCGGTGCCATCAATTACCTATTA-3' 5'-GAAAGCTCACATGACACTGCGAAA-3'
MCW0248	Chr.4	5'-GTTGTTCAAAAGAAGATGCATG-3' 5'-TTGCATTAACTGGGCACTTTC-3'
LEI0116	Chr.3	5'-CTCCTGCCCCTTAGCTACGCA-3' 5'-TATCCCCTGGCTGGGAGTTT-3'
ADL0268	Chr.1	5'-CTCCACCCCTCTCAGAACTA-3' 5'-CAACTTCCCATCTACCTACT-3'

（续表）

微卫星	染色体	引物序列
MCW0216	Chr. 13	5'-GGGTTTTACAGGATGGGACG-3' 5'-AGTTTCACTCCCAGGGCTCG-3'
MCW0020	Chr. 1	5'-TCTTCTTTGACATGAATTGGCA-3' 5'-GCAAGGAAGATTTTGTACAAAATC-3'
MCW0206	Chr. 2	5'-ACATCTAGAATTGACTGTTCAC-3' 5'-CTTGACAGTGATGCATTAAATG-3'
MCW0183	Chr. 7	5'-ATCCCAGTGTCGAGTATCCGA-3' 5'-TGAGATTTACTGGAGCCTGCC-3'

2. 父母代检测结果

从表2可知，18个微卫星位点在父母代共出现102个等位基因，平均每个位点有5.67个等位基因和2.95个有效等位基因。18个位点除了MCW0098位点属于低度多态性外，其他的17个位点属于中度多态性和高度多态性（当PIC < 0.25，该位点为低度多肽位点；0.25 < PIC < 0.50时，该位点为中度多肽性位点；PIC > 0.50时，该位点为高度多肽性位点）。群体平均观察杂合度为0.568 1，Nei's杂合度为0.600 9，多态信息含量为0.555 5，说明父母代的遗传多样性比较丰富。

表2 父母代的多态性

微卫星 位点	等位基因		观察 杂合度	杂合度	多态信 息含量
	群体	有效			
MCW0123	10	5.22	0.775 0	0.808 4	0.783 7
ADL0112	3	2.18	0.400 0	0.541 3	0.439 4
MCW0014	6	2.86	0.200 0	0.651 2	0.603 5
MCW0034	11	5.31	0.775 0	0.811 9	0.788 8
MCW0103	2	1.53	0.350 0	0.348 7	0.282 9
MCW0295	7	3.14	0.775 0	0.681 6	0.634 0
MCW0078	5	2.58	0.871 8	0.612 8	0.549 8
MCW0222	5	1.48	0.275 0	0.325 0	0.305 3
MCW0098	3	1.25	0.225 0	0.202 2	0.186 2
MCW0111	6	3.59	0.675 0	0.721 6	0.683 8
MCW0037	5	2.84	0.625 0	0.648 1	0.579 5
MCW0248	4	2.81	0.650 0	0.644 1	0.578 4
LEI0116	6	2.77	0.650 0	0.639 1	0.574 8

（续表）

微卫星位点	等位基因		观察杂合度	杂合度	多态信息含量
	群体	有效			
ADL0268	5	3.86	0.800 0	0.741 6	0.695 4
MCW0216	5	1.53	0.275 0	0.347 2	0.330 9
MCW0020	5	4.01	0.461 5	0.750 8	0.705 7
MCW0206	6	3.29	0.725 0	0.696 6	0.658 7
MCW0183	8	2.80	0.717 9	0.644 0	0.618 9
平均	5.67	2.95	0.568 1	0.600 9	0.555 5

3. 商品代检测结果

从表3可知，18个微卫星位点在父母代共出现101个等位基因，平均每个位点有5.61个等位基因和2.95个有效等位基因。18个位点分属于中度多态性和高度多态性。群体平均观察杂合度为0.569 4，Nei's杂合度为0.623 5，多态信息含量为0.571 2，说明商品代的遗传多样性比较丰富。

表3　商品代的多态性

微卫星位点	等位基因		观察杂合度	杂合度	多态信息含量
	群体	有效			
MCW0123	8	4.03	0.743 6	0.752 1	0.716 5
ADL0112	4	2.12	0.600 0	0.529 7	0.424 6
MCW0014	6	3.04	0.254 6	0.671 9	0.629 6
MCW0034	11	4.00	0.650 0	0.750 0	0.725 3
MCW0103	2	1.56	0.375 0	0.362 2	0.296 6
MCW0295	7	3.14	0.800 0	0.681 9	0.641 1
MCW0078	4	2.52	0.675 0	0.603 1	0.520 4
MCW0222	5	2.17	0.300 0	0.539 7	0.494 7
MCW0098	4	2.30	0.225 0	0.565 3	0.471 4
MCW0111	6	4.24	0.875 0	0.764 4	0.728 5
MCW0037	5	2.63	0.625 0	0.667 2	0.623 0
MCW0248	4	2.63	0.725 0	0.619 7	0.548 9
LEI0116	4	2.18	0.525 0	0.540 9	0.450 1
ADL0268	6	4.76	0.725 0	0.790 0	0.757 9
MCW0216	5	1.52	0.300 0	0.345 9	0.327 8
MCW0020	4	3.60	0.675 0	0.722 2	0.669 5
MCW0206	6	3.86	0.700 0	0.740 9	0.708 3
MCW0183	10	2.35	0.475 0	0.575 0	0.547 6
平均	5.61	2.95	0.569 4	0.623 5	0.571 2

4. 种群检测结果

从表4可知，18个微卫星位点在群体中共出现114个等位基因，平均每个位点有6.33个等位基因和3.00个有效等位基因。18个位点属于中度多态性和高度多态性。群体平均观察杂合度为0.569 4，Nei's杂合度为0.622 9，多态信息含量为0.575 5，说明种群的遗传多样性比较丰富。

表4   种群的多态性

微卫星位点	等位基因		观察杂合度	杂合度	多态信息含量
	群体	有效			
MCW0123	10	4.68	0.759 5	0.786 4	0.758 3
ADL0112	4	2.15	0.500 0	0.535 7	0.432 5
MCW0014	8	3.04	0.227 8	0.670 7	0.631 5
MCW0034	13	4.71	0.712 5	0.787 7	0.764 1
MCW0103	2	1.55	0.362 5	0.355 5	0.292 3
MCW0295	7	3.15	0.787 5	0.682 7	0.638 4
MCW0078	5	2.58	0.772 2	0.613 0	0.540 8
MCW0222	5	1.79	0.287 5	0.443 4	0.410 3
MCW0098	4	1.87	0.225 0	0.466 8	0.416 2
MCW0111	6	4.05	0.775 0	0.753 3	0.715 5
MCW0037	6	3.03	0.625 0	0.670 1	0.618 8
MCW0248	4	2.77	0.687 5	0.639 8	0.569 9
LEI0116	6	2.53	0.587 5	0.605 0	0.525 1
ADL0268	6	4.43	0.762 5	0.774 3	0.738 3
MCW0216	6	1.53	0.287 5	0.347 0	0.330 2
MCW0020	5	3.88	0.569 6	0.742 5	0.695 4
MCW0206	6	3.62	0.712 5	0.723 8	0.690 6
MCW0183	11	2.59	0.594 9	0.614 3	0.591 1
平均	6.33	3.00	0.568 7	0.622 9	0.575 5

两个次代之间的遗传距离为0.056 4，遗传相似性为0.945 1；群体水平上遗传变异为1.72%，其余98.28%的遗传变异则存在于群体内个体之间，说明群体间（父母代和商品代）的遗传变异比较小。

保种场两个世代的遗传多样性比较丰富，另外群体之间的变异比较小，商品代能够很好地保留父母代的主要特点，保种效果好。

（二）保种与利用方面

岑溪三黄鸡保种场于1982年建立，1983年提出保种计划，1987年开始对古典型岑溪三黄鸡进行选育提高。用E系公鸡配B系母鸡选育出的商品肉鸡，其体型外貌（市场卖相）及肉质在市场上最受欢迎。目前，B、E系核心群种鸡数量达 20 多万只，年产鸡苗 1 000 多万羽。肉鸡主要供应酒家、饭店和珠三角富裕地区的优质鸡高端市场。

广西玉林市参皇养殖有限公司种鸡场于 1994 年建立，广西北流市凉亭禽业发展有限公司种鸡场于 1991 年建立，广西容县祝氏农牧有限责任公司种鸡场于 2003 年建立，并对三黄鸡进行以提高产蛋性能，体型大小一致、羽毛颜色一致为目的选育，形成了各种品牌的三黄鸡，如参皇鸡、凉亭鸡、黎村黄鸡、巨东鸡、金大叔土三黄鸡等。父母代种鸡年产蛋量 110 ～ 140 个，商品代肉鸡 112 ～ 140 日龄体重 1.2 ～ 1.8 kg。1996 年以来，广西涌现了一大批规模化集约化的优质鸡生产企业，并逐步形成"公司加农户"的产业化经营和"山地养鸡""果园养鸡"等生产模式。据 2005 年统计，以企业为龙头，产业化模式生产的优质鸡 1.77 亿只，占广西优质鸡出栏总数的 46.62%。至 2020 年 7 月，以广西三黄鸡为育种素材培育并获国家品种审定的配套系新品种有金陵黄鸡、桂凤二号黄鸡、参皇鸡 1 号、黎村黄鸡等。

（三）是否建立了品种登记制度

2005 年由广西玉林市畜牧兽医站制定了广西地方标准——广西三黄鸡，经广西壮族自治区质量技术监督局发布，标准号：DB45/T 241—2005。

六、对品种的评价和展望

广西三黄鸡是一个肉质优良的地方肉用品种。因其肉质细嫩，味道醇香而鲜甜，皮薄骨细，皮下脂肪适度，鸡肉味浓郁，非常适合于制作白切鸡的华南地区市场，市场潜力非常大。近年来广西对该品种的选育和开发利用方面取得了举世瞩目的成就，使之成为广西的优势产业，2020 年列入全国优势特色产业集群 50 个产业之一。全国很多地方进行黄羽肉鸡配套系选育都导入广西三黄鸡血统。然而，种鸡产蛋量偏低、肉鸡整齐度差等问题仍然是制约该产业进一步发展的技术瓶颈，饲养三黄种鸡的企业育种技术力量还较薄弱，因此，加强对广西三黄鸡品种资源的保护和选育提高将是一项十分重要的工作，需要各企业充实技术力量和加大投资力度，也需要给予更多的关心、重视和支持。

霞 烟 鸡

一、一般情况

霞烟鸡原名下烟鸡，又名肥种鸡，肉用型地方鸡品种。

（一）原产地、中心产区及分布

原产于广西容县的石寨乡下烟村，主要分布于石寨、黎村、容城、十里等乡镇。鸡苗和肉鸡主要销往广东、湖南、浙江、海南等南方省份。

（二）产区自然生态条件

1. 产区的经纬度、地势、海拔

容县位于广西东南部，东经 110° 14′ 58″ ~ 110° 53′ 42″，北纬 22° 27′ 44″ ~ 23° 07′ 45″，海拔 150 ~ 300 m，属丘陵山区。

2. 气候条件

容县属亚热带季风气候，年均气温 21.3℃（最热月平均气温 28.2 ℃，最冷月平均气温 12.2℃）；年均降水量 1 660 mm，雨季 168 d，相对湿度为 80%，风度 2.7 级，无霜期 332.5 d，日照 1 753.6 h。

3. 水源及土质

境内有 50 多条大小河流，主流绣江属珠江水系；土壤共分水稻土、黄壤、红壤、赤红壤、紫色土和冲积土六大类，优质土壤约占全县土壤面积的 6.4%。

4. 农作物、饲料作物种类及生产情况

容县是广西的粮食产区，近年全县粮食产量约 25.5 万 t；主要农作物有水稻、甘薯、木薯、花生、豆类和蔬菜等。为饲养霞烟鸡提供了丰富的饲料资源。

5. 土地利用情况

全县面积 225 739 hm²，其中耕地面积 21 546.67 hm²，草地面积 54 273.33 hm²；县内成片果园、林地面积大概 154 220 hm²。为霞烟鸡的放牧饲养提供了有利场所。

容县气候温和，雨量充沛、四季常青，十分适合家禽栖息与繁殖，尤其是优质鸡品种繁育。

6. 品种生物学特性及生态适应性

霞烟鸡是产区劳动人民经过长期人工选育和自然驯化而形成的优良地方品种，历史悠久，完全适应本地的气候条件。具有觅食力强、适应性广、耐粗饲、抗病力强等特点，能适应舍内平养、笼养、放牧饲养等各种饲养形式，能适应在全国大部分省份饲养。各种饲养形式下，饲养成活率都较高，生产性能发挥正常。

二、品种来源及发展

(一) 品种来源

据史料记载，霞烟鸡形成于晚清期间，由容县石寨乡下烟村尹姓家族长期从当地鸡种选育而来。当时在下烟村颂仙塘有一个土地庙，叫平福社，历代逢年过节群众有祭社的习惯，祭神时，群众有赛鸡的风俗习惯，特别是春节家家户户均要杀大阉鸡去祭社，而鸡的大小往往象征着人的身份和面子。因而，祭社活动无意中成为赛鸡集会，促进了群众性选育工作的开展，经历年赛鸡大会评选，由尹姓家族选育的肥种鸡成为大众育种目标，选留肥大、毛黄、皮黄为种用，认为毛羽细致者肉质嫩，黄皮鸡则味香；而下烟村一面靠山三面环河的自然环境为育种提供了闭锁繁育、不引入外来血源杂交的有利条件。村民原誉之曰"下烟鸡"，1973 年广西外贸部门将"下"改为"霞"，乃成现名。

(二) 群体数量消长形势

1. 数量规模变化

1986—1990 年全县霞烟鸡种鸡饲养量约为 6.6 万只，1991 年后，年均增速加快，至 2019 年年底，全县霞烟鸡种鸡饲养量为 16.28 万只。

2. 濒危程度

无危险，但近年来，由于原种霞烟鸡保种经费短缺，经济杂交广泛应用，纯种鸡数量开始呈现减少趋势。

三、体型外貌

1. 雏禽、成禽羽色及羽毛重要遗传特征

雏鸡绒毛、喙和脚黄色。公鸡 60 d 可长齐体羽，羽色淡黄或深黄色，颈羽颜色较胸背深，大翘羽较短；母鸡羽毛生长比公鸡快，50 d 可长齐体羽，羽毛黄色，但个体间深浅不同，有干稻草样浅黄色，也有深黄色。

2. 肉色、胫色、喙色及肤色

肉白色，胫黄色，喙栗色或黄色，肤色黄色。性成熟的公鸡脚胫外侧鳞片多呈黄中带红。

3. 外貌描述

（1）体型特征

成年公鸡胸宽背平，腹部肥圆，体躯结实，体型紧凑，中等大小；母鸡背平，胸角较宽，龙骨较短，腹稍肥圆，耻骨与龙骨末端之间较宽，宽度大于三根手指宽。

（2）头部特征

单冠直立，呈鲜红色，冠齿 5 ~ 7 个，无侧枝，公鸡冠粗大肥厚，母鸡冠小而红润。耳叶红色，虹彩橘黄色。

四、饲养管理

霞烟鸡育雏阶段，室温要求高达 0.5 ~ 1℃。商品肉鸡耐粗饲，各阶段营养要求可相对降低，采用放牧饲养肉质风味更佳，出栏率在 96% 以上。

五、品种保护与研究利用现状

（一）生化或分子遗传测定

广西壮族自治区畜牧研究所开展了霞烟鸡品种分子遗传方面的测定研究工作，利用 18 个微卫星标记检测霞烟鸡的多态性，结果表现出较高的多态性。

PIC 值 0.572 2，大于 0.5，表现出较高的遗传多样性；近交系数 Fis 在霞烟鸡中出现负数；三黄鸡和霞烟鸡的遗传距离最小，为 0.088 8。采用 PCR 直接测序方法对广西地方鸡种的线粒体 mtDNA D-loop 区进行遗传多样性研究，群体出现单倍型 8 种以上，说明霞烟鸡保持较好的遗传多样性，受外来基因的影响小。霞烟鸡在玉林地区享有一定的名气，但是市场销路狭窄。究其原因，霞烟鸡为慢羽，公鸡在当地做阉鸡（130 ~ 150 d 上市）不受欢迎，而其母鸡因为脂肪过多，也不适合现代人消费需求，所以不能用原种开放市场，必须改良，杂交配套后利用。

（二）保种情况

容县于 1982 年 2 月建立了霞烟鸡原种场，占地面积 34 亩，建设有适于原种鸡饲养环境要求的种鸡舍 51 幢（间）。建场至今一直开展保种选育和扩繁工作：1982—1992 年，建立核心群，开展霞烟鸡保种与纯化、提高产蛋量工作；1993—2000 年，家系选育、扩繁，提高纯繁受精率、孵化率和健雏率；2001年至今，选育快羽、慢羽、浅黄羽、稻草色黄羽、腹脂率低品系，适度杂交配套。广西壮族自治区水产畜牧局每年支持保种经费 5 万 ~ 10 万元。至 2019 年年底，共保种选育原种霞烟鸡 15 多万只，投入资金 390 多万元。

（三）标准制定情况

2010 年，广西壮族自治区质量技术监督局颁布《霞烟鸡》地方标准，标准号 DB45/T 180—2010。

六、对品种的评价和展望

第一，霞烟鸡经长期保种选育，使各品系保持了地方良种霞烟鸡的体形外貌、毛色和肉质风味及其他重要特性，具有较强适应性、抗逆性和抗病性，耐粗饲，宜于山地林间放养，适应我国南方各省区饲养。

第二，长期市场销售证明，霞烟鸡国内市场占有率相对稳定，价格高于同类优质鸡 1 ~ 2 元/kg，消费者充分肯定其骨细、肉嫩、味香特点，因此销量稳定、价高，养殖效益显著。

第三，长羽较慢，公鸡大翘羽较短，且母鸡腹部肥圆、脂肪过多，腹脂率较高等是霞烟鸡固有特征性状，保种单位应把这些地方品种资源特有的遗传基因保留下来，而不应作为品种缺陷，选育淘汰。

第四，霞烟鸡产肉性能、繁殖性能及早熟性能尚需进一步提高。原种场继续利用现有素材加强选育，将研究、开发和利用方向重点放在提高本品种的繁殖、生产性能（腿肉率）与抗病能力（主要是马立克氏病）上，不断提高产品质量和科技含量。目前，以霞烟鸡为育种素材已培育出获国家品种审定的黎村黄鸡配套系新品种，随着肉鸡屠宰后上市的要求及抗病育种的需要，未来将以霞烟鸡为育种素材培育出更多更好的新品种（图1）。

图1　霞烟鸡

南丹瑶鸡

一、一般情况

南丹瑶鸡，属肉蛋兼用型品种。以肉质脆嫩、皮下脂肪少著称。

（一）中心产区及分布

原产于南丹县，中心产区为里湖、八圩两个白裤瑶民族乡镇，主要分布于南丹县的城关、芒场、六寨、车河、大厂、罗富、吾隘等地，其他乡镇亦有分布，毗邻的广西河池市、贵州的独山及荔波等县亦有分布。

（二）自然生态条件

南丹县位于广西西北部，云贵高原南缘，东经107°1′～107°55′，北纬24°42′～25°37′，北与贵州省的荔波、独山、平塘、罗甸县相接，东与本区的天峨、东兰、河池及环江县相接。黔桂铁路及成都至北海高等级公路纵穿南丹县全境，是西南出海大通道广西第1站及通向大西南的咽喉要塞。县城距省会南宁330km，距柳州市280km，距贵阳市320km。全县总面积3196km²，凤凰山脉自西北往东南纵贯南丹县中部，形成北高南低、中间突起、东西两侧低矮的"一脊两谷"复杂地形。全县平均海拔800m，最高点海拔1321m，最低点海拔205m。北部为石灰岩溶峰丛洼地，中部为中低山间河谷地，东、西、南侧为石灰岩溶峰林谷地。南丹县辖8镇5乡，148个村（居）委会，总人口28万人，其中农业人口21万人；总户数7万多户，其中农户4.7万户。全县耕地面积25.5万亩，人均0.91亩，有农村劳动力11.86万人，属人多地少贫困山区县。县境内居住着壮、汉、瑶、苗、水、毛南等10多个民族，少数民族人口占总人口的86%。

南丹县地处亚热带季风气候区，年均日照1243h，年均气温16.9℃，极端最高气温35.5 ℃，最低气温 –5.5 ℃，昼夜温差较大，平均达 8 ~ 10 ℃。年均无霜期达 300 d 以上，初霜期在 11 月 25 日前后，终霜期在 2 月 10 日前后，冬无严寒，夏无酷暑。年日照 1 257 h 以上。年降水量 1 257 ~ 1 591 mm，雨量充沛。

南丹县因山地自然形成的大大小小山川汇成不同的河流共 11 条，全长共 5 842 km，全县还建成大小水库 23 座，水资源十分丰富。土地以黄壤土、红壤土、石灰土和紫色土为主，分别占 50.5%、11.4%、37.7% 和 0.4%，一般表土层厚 5 ~ 25 cm，地层厚为 10 ~ 100 cm，草山草坡资源丰富，约有 53 300 hm² 草山，以黄壤土为主，有机质和钙质丰富。光、热、水、肥条件好，适宜牧草生长。

南丹县盛产稻谷、玉米、小麦、白豆、竹豆、火麻、油菜等，有丰富的豆藤、米糠、秸秆等农副产品可作冬季畜禽补饲。据统计，2005 年，全县稻谷产量达 2 850 t，玉米产量达 2 130 t，大豆产量达 1 480 t，甘薯产量达 2 640 t，油菜产量达 195 t，白豆、竹豆产量达 75 t，其他作物产量 8 560 t。

全县土地面积 319 600 hm²，其中耕地面积 1.7 × 10⁴ hm²，人均 0.061 hm²，水田面积 8 800 hm²，旱地面积 8 200 hm²，草山草坡面积 7.958 × 10⁴ hm²，可开发利用面积 4.67 × 10⁴ hm²。

二、品种来源及发展

(一) 品种来源

南丹瑶鸡的形成与当地的自然条件、社会经济关系密切，一是产区树林草地资源丰富，农副产品多样，为养鸡提供了物质基础。二是养鸡历来为产区瑶族群众的主要副业来源，当地瑶族群众历来有养鸡的习惯，家家户户少则养 3 ~ 5 只，多则养数十只，而且瑶族群众素有养大鸡为荣的习俗，每年春天选留体型大的公母鸡留种繁殖。三是瑶寨地处偏僻的山区，交通不便，养鸡都是自繁自养、闭锁繁育，从不与外来鸡种混杂，经过长期的繁育驯化而形成今天的南丹瑶鸡。

(二) 群体数量消长情况

1998 年，南丹县委、县政府提出"百万瑶鸡"工程，把之当作"以农富民"的重点项目来抓，经过几年来的发展，瑶鸡养殖已扩大到全县 13 个乡镇，成为南丹农村经济的支柱产业。2004 年，全县瑶鸡饲养量为 605.23 万只，其中年末存栏 152.50 万只，出栏 450.40 万只；2005 年，饲养量达 658.70 万只，其中年末存栏 182.50 万只，出栏 472.00 万只。3 个种鸡场存栏种鸡 2 万套，年产优质鸡苗 200 万只。目前瑶鸡种鸡饲养量为 120 多万套，目前保种群有 20 000 只，用于定向选育，培育新品系。

三、体型外貌

南丹瑶鸡体躯呈长方形，胸深广，按体型大小分为大型和小型两类，以小型为主。公鸡单冠直立、鲜红发达，冠齿 6～8 个，肉垂、耳叶红色，体羽以金黄色为主，黄褐色次之，颈、背部羽毛颜色较深，胸腹部较浅，主翼羽和主尾羽黑色有金属光泽；母鸡单冠，冠齿 5～6 个，冠、肉垂、耳叶红色，体羽以麻黄、麻黑色两种为主；颈羽黄色，胸腹部羽毛淡黄色，主翼羽和主尾羽为黑色。公母鸡虹彩为橘红色或橘黄色，喙黑色或青色，胫、趾为青色，有 40% 的鸡有胫羽，少数有趾羽。皮肤和肌肉颜色多为白色。出壳雏鸡绒毛多为褐黄色。

四、饲养管理

南丹瑶鸡可以在户外搭棚饲养，鸡棚多建在水源、牧草较丰富的山坡上，坡度以 20° 为佳。饲养方式采用半舍饲半放牧，小鸡在舍内育雏，30 日龄后可以放牧饲养，白天任其在山林间自由觅食，每天早中晚各补喂 1 次玉米、稻谷、大豆、火麻等。放牧饲养的鸡，由于长期在野外觅食活动，接触阳光和新鲜空气，肌肉结实，肉质风味好，生活力强。在户外搭棚饲养，要注意场地和用具的清洁卫生和消毒，在瑶鸡各饲养阶段严格把好防疫关。同时在饲养过程中，严格执行无公害生产的各项准则和要求，以保证瑶鸡的健康和产品的质量。

五、品种保护与研究利用情况

2002 年开始对南丹瑶鸡进行选育，经过 4 个世代的选种选育，南丹瑶鸡的生产性能有了明显的提高。目前种鸡年产蛋量达 110 个以上，肉鸡生长速度 120 d 达 1.5 kg，群体整齐度达 76%。另外，还选育出具有矮小青脚、体型紧凑，母鸡为麻黄花羽色，公鸡为红羽黑翅、尾羽长而黑的个体，商品代肉鸡高脚、粗毛鸡的比例不断下降，白羽鸡基本消失。2007 年开始以南丹瑶鸡和贵州瑶鸡为育种素材进行配套系选育，重点在外貌特征、公鸡体重、产蛋量进行选育，并取得很大效果。2011 年育成瑶红配套系，该配套系基本保持原瑶鸡的外貌特征，体重增加，均匀度好，产蛋大幅增加。2014 年育成瑶黑配套系，该配套系的外貌特征与原瑶鸡有区别，母鸡为深麻羽，公鸡胸羽黑色，公母鸡体重增加，均匀度好，产蛋大幅增加。育成的瑶鸡配套系获得 2 个科技进步奖和 1 项专利。港丰公司现有应用配套系 2 个，瑶红配套系和瑶黑配套系。目前，港丰公司建有育种中心 1 个，父母种鸡场 2 个，肉鸡生产示范场 1 个，运营中心 1 个；育种祖代种鸡 2 万套，父母代种鸡 30 多万套。2 个配套系投放市场以来深受欢迎，肉质口感好，肉鸡好养上市率高，外观漂亮，区内区外已有 10 多家公司引养瑶鸡，港丰瑶红瑶黑配套系在国内知名度直线上升。目前使用该品种资源的是一些养殖企业，他们具有保种及开发利用职责，在保种的同时进行开发新品系，通过开发利用进行更好的品种保护。

该品种经长期保种选育，使各品系保持了地方良种鸡瑶鸡的体形外貌毛色和肉质风味及其他重要特性，具有较强适应性、抗逆性和抗病性，耐粗饲，宜于山地林间放养，适应我国南方各省区饲养。广西壮族自治区畜牧研究所开展了瑶鸡品种分子遗传方面的测定研究工作，利用 18 个微卫星标记检测瑶鸡的多态性，结果表现出较高的多态性。PIC 值 0.569 2，大于 0.5，表现出较高的遗传多样性；近交系数 Fis 为 0.055 3，在广西 6 个地方鸡种中，南丹瑶鸡和罗曼鸡的遗传距离最大，为 0.422 1。采用 PCR 直接测序方法对广西地方鸡种的线粒体 mtDNA D-loop 区进行遗传多样性研究，群体出现单倍型 5 种，说明瑶鸡保持较好的遗传多样性，受外来基因的影响小。

2002 年，广西壮族自治区质量技术监督局颁布《南丹瑶鸡》地方标准，标准号 DB45/T 43—2002。

六、对品种的评估和展望

南丹瑶鸡耐粗饲、生活力强、肉质细嫩、风味鲜美清甜、皮脆骨香、皮下脂肪少，对高寒石山地区具有良好的适应性，是广西大型的地方品种之一。经过近几年的选育，南丹瑶鸡在毛色、整齐度、生长速度、繁殖性能等方面都有了较大的提高，效果显著。南丹瑶鸡以肉质脆嫩、皮下脂肪少著称，是不可多得的"瘦肉型"鸡种，用南丹瑶鸡和火麻等原料做出来的鸡汤，鲜美宜人，营养价值高，深受广大消费者的欢迎。今后应根据市场需求，进一步加强本品种选育，不断提高生长速度和繁殖性能，以满足市场需求（图1）。

图1　南丹瑶鸡

灵山香鸡

一、一般情况

灵山香鸡为肉用型，当地群众称之为"土鸡"。2007年通过广西壮族自治区家禽品种资源委员会认定为广西地方品种。2009年7月通过国家畜禽遗传资源委员会家禽专业委员会现场鉴定，建议与"里当鸡"合并，命名为"广西麻鸡"。2010年1月农业部公告第1325号正式发布。

（一）中心产区及分布

灵山香鸡原产于灵山县，中心产区为灵山县伯劳、陆屋、烟墩等镇，主要分布于灵山县的新圩、檀圩、那隆，文利、武利、丰塘、平南、旧州等镇。灵山毗邻的钦州、浦北、合浦、横县、北海、防城港等市、县也有饲养。

（二）产区自然生态条件

灵山县地处六万大山余脉。位于东经108°44′~109°35′，北纬21°51′~22°38′，在北回归线以南，即广西南部的北部湾地区。北靠西江、南望北海、东邻玉林、贵港等市，西接钦州市南北两区。全县东西长88 km，南北宽84 km，整幅土地略呈三角形，总面积3 558.576 km²。全县地形以丘陵为主。地势东北略高，西南部略低。地形东北部为山地，中部平原，西南部丘陵。县境内主要山脉有罗阳山脉、东山山脉。县内海拔最低为30~100 m，最高为869.6 m。灵山属南亚热带季风气候。一年中气候温和，夏长冬短，雨量充沛，光照充足。据县气象资料记载，年最高气温38.2℃（1957年8月15日），最低气温-0.2℃（1963年1月15日）。年平均气温21.7℃，年际变动在19~20℃，年平均日照时数为1 673 h，无霜期平均为348 d，年平均有霜日数仅为2.5 d，年平均降水量为1 658 mm，多集中在4—9月，年平均降水日数为 161 d。

县内河流分沿海（北部湾）、沿江（西江）两大水系，沿海水系又分钦江、南流江、大风江和茅岭江4个水系。较大的河流有钦江、武利江、平银江、沙坪江、平南江、修竹江、黔炉江等。全县多年平均径流总量为 3 360 000 m³。在县境总面积中，耕地面积 51 081.4 hm²，占总面积的 14.35%。土壤成土母质主要是花岗岩风化物，占总面积的 54.15%，其次是砂页岩风化物，占总面积的 38.71%，其他 7.14%。前者土壤肥沃，后者较瘦瘠。

灵山县农作物主要有水稻、甘薯、玉米、花生、木薯，素有"稻米之乡"之称；其次是黄粟、大豆、绿豆、白豆（又名白米豆）、豌豆、蚕豆、冬瓜、南瓜、芋头、花生、马铃薯、凉薯等。主产水稻，占总产量80%以上。经济作物主要是茶叶，享有"茶叶之乡"之称。水果有荔枝、龙眼、甘蔗、西瓜、香蕉、柑橘等，素有"中国荔枝之乡"美誉。

灵山县的气候环境和矮山丘地势，加上农作物丰富，非常适宜养殖业。当地人对吃鸡也很讲究，以原汁原味鲜香为美食，喜食白切鸡，几乎是无鸡不成宴、无鸡不上席的状况，灵山香鸡骨细、肉嫩、味香，因此成为当地饲养和食用的首选，并得到广泛的大量的饲养。

二、品种来源及发展

（一）品种来源

灵山香鸡祖先为野生红原鸡，又称北部湾原鸡。据灵山县志考古篇记载，在灵山古人类遗址中发现新、旧石器时代的人类骸骨，同时发现用禽鸟类骸骨制作的骨鱼钩、骨针，说明今天的灵山香鸡可能就是由这些原鸡驯养、发展而成。

灵山县群众历来就有养鸡的习俗，所以在农村世代广泛饲养。20世纪60年代以前，灵山土鸡是灵山县内唯一的鸡种，属当地优质型鸡，灵山香鸡也由此得名而传颂。

（二）群体规模

灵山香鸡广泛分布在产区农家中，尤其是边远山区，据2005年调查统计，中心产区的伯劳镇、陆屋镇、烟墩镇香鸡存栏量分别为 10.26 万只、10.12 万只、8.07 万只。同时也以种禽公司、种鸡场、肉鸡生产专业养殖户的形式进行规模饲养。据统计，至 2004 年年底，全县灵山香鸡种鸡存栏 28 万套，生产鸡苗 2 700 万只，肉鸡存栏 300 万只，年出栏 732.56 万只。

灵山香鸡的选育工作始于 2000 年，以灵山土鸡为原始素材，先进行群体选育，随后进行品系选育，根据外型羽色特点目前有丰羽型和短羽型两个品系。

近年，南宁、玉林、北海等地多有引进灵山香鸡，作为培育新品种原始素材加以利用、推广。

（三）群体数量消长情况

20 世纪 80—90 年代，灵山香鸡主要是农家散养，当时以收购活鸡的形式外销肉鸡，全县每年运销广东珠江三角地区数量高达 300 万 ~ 600 万只。90 年代初，灵山香鸡开始规模养殖，相应种禽公司开始系统选育灵山香鸡，经 10 多年的选育，肉鸡质量和生产性能也得到逐渐提高，规模养殖专业户得到不断发展，一直保持年产几百万只的生产规模。近年来，受到区外向区内销售量的影响，灵山香鸡的饲养量有所减少。

三、体型外貌

灵山香鸡体型特征可概括为"一麻、两细、三短"。"一麻"是指灵山香鸡母鸡体羽以棕黄麻羽为主；"两细"是指头细，胫细；"三短"是指颈短、体躯短、脚短（矮）。头小，清秀，单冠直立，颜色鲜红，公的高大，母的稍小，冠齿 5 ~ 7 个。肉垂、耳叶红色。虹彩橘红色。喙尖，小而微弯曲，前部黄色，基部大多数呈栗色（图 1）。

体躯短，浑圆，大小适中，结构匀称，被毛紧凑，其中短羽型鸡尤为突出。

公鸡颈羽棕红或金黄色。体羽以棕红、深红为主，其次棕黄或红褐色。覆翼羽比体羽色稍深。主翼羽以黑羽镶黄边为主，少数全黑。副翼羽棕黄或黑色。腹羽棕黄，部分红褐色，有麻黑斑。主尾羽和摇羽墨绿色，有金属光泽。

母鸡以棕麻、黄麻为主。麻黑色镶边形似鱼鳞状，多分布于背、鞍部位，翼羽其次。颈羽基部多数带小点黑斑；胸、腹羽棕黄色居多；尾羽黑色；主翼羽、副翼羽以镶黄边或棕边的黑羽为主。

雏鸡绒毛颜色以棕麻色或黄麻色为主，有条斑。棕麻色约占 40%、黄麻色约占 35%、其他色约占 25%。

胫细而短，呈三角形，表面光滑，鳞片小，胫色多为黄色，少量青灰色，胫侧有细小红斑；喙色为栗色或黄色；肤色以浅黄色为主，个别灰白或灰黑色。皮薄，脂少，毛孔小，表面光滑。肉色为白色。

图 1　灵山香鸡

四、饲养管理

灵山香鸡在农村中的繁衍方式仍以传统的自然交配，自繁自养，放牧为主。雏鸡以集中保温方式为主，30 日龄后脱温放牧至出栏，习惯在山坡树丛、果园活动，栖息、觅食，野性强，易惊群。此时辅以全价饲料，长势更佳。1 ~ 35 日龄喂育雏料：粗蛋白质 19.8%，粗脂肪 3.5%，粗纤维 2.5%，钙 1.0%，磷 0.71%。35 ~ 70 日龄喂以育成料：粗蛋白质 17.5%、粗脂肪 4.1%，粗纤维 2.51%，钙 0.81%，磷 0.62%。80 ~ 110 或 120 日龄出栏时喂育肥料：粗蛋白质 17.01%，粗脂肪 5.02%，粗纤维 2.5%，钙 0.81%，磷 0.60%。在农村，灵山香鸡主要以当地农作物以及农副产品为食，如稻谷、米糠、玉米、木薯、果实籽类等。通常采取米糠拌剩米饭加以饲养，直至长大出栏。在农村按此方式饲养的灵山香鸡最有特色，它不但毛色光亮，而且肉质特别嫩滑、甘甜，并有一股浓郁的香味。灵山香鸡疫病防治采取预防为主、治疗为辅的防疫方针。平时做好马立克、鸡新城疫、禽流感等疫病防治外，结合加强环境卫生工作，一般农村放牧的灵山香鸡均可健康成长。

五、品种保护与研究利用现状

自 20 世纪 90 年代开始,灵山香鸡有计划地开展保种选育工作,使种鸡各项生产性能得到一定提高,品种特征、整齐度趋于一致。种禽养殖公司采取"边选育,边推广"的发展模式,品种数量大幅增长,销售范围遍及全区各地和部分省市。灵山县兴牧牧业有限公司种鸡场为保种场,制定了品种标准、保护和开发利用计划,并逐步实施,取得较好效果。

2007 年自治区质量技术监督局颁布《灵山香鸡》地方标准,标准号 DB45/T 461—2007。

六、对品种的评价和展望

灵山香鸡是制作白切鸡、水蒸鸡、盐焗鸡的优质肉鸡,其肉质幼嫩、甘甜、味鲜、气味香浓,风味上乘。

充分发挥灵山香鸡作为地方优质肉鸡的优势,努力发掘其肉质独具风味的潜能,向纵深加工方向发展。加强选育,努力提高其产蛋产肉性能,降低就巢性,并从羽色、体型、大小方面继续提高其整齐度。利用羽色资源的多样性,积极开展配套系选育工作,并根据市场需求进行推广。加强驯养,积极改进饲养管理模式,改变传统放牧方式,向规模化、集约化、标准化等现代生产方式发展。

里 当 鸡

一、一般情况

里当鸡为肉用型。2004年通过广西壮族自治区家禽品种资源委员会认定为广西地方品种。2009年7月通过国家畜禽遗传资源委员会家禽专业委员会现场鉴定，建议与"灵山香鸡"合并，命名为"广西麻鸡"。2010年1月农业部公告第1325号正式发布。

（一）中心产区及分布

中心产区为马山县里当乡。主要分布于里当、金钗、古寨、古零、加方、百龙滩、白山、乔利8个乡（镇），毗邻的都安县有少量分布。

（二）产区自然生态条件及对品种形成的影响

1. 产区经纬度、地势及海拔

产区位于马山县中、东部的石山地区，地处东经107°10′～108°30′，北纬23°42′～24°2′。地貌以石山为主，为典型的喀斯特峰丛峰林区，峰丛一般海拔在500～600 m，最高为古寨民乐岑梯山778 m。由于与外界交通不发达，里当鸡长期以来在封闭的条件下世代繁殖，形成了较独特的品种特性。

2. 气候条件

属于亚热带季风气候，雨量充沛，日照充足，气候温暖，无霜期长。受大明山气候多变的影响。具有"昼夜温差大，潮湿云雾多"的特点。

日照：平均日照时数3.88 h，每年的5—9月日照时数逐渐增多，7—9月日照量最高值6 h以上，2—4月为日照最低值，日均2.01 h。太阳辐射以12月至翌年3月最少，每月不满25.12 kJ/cm²，4月以后逐渐增多，7—9月辐射量最多，月突破46.05 kJ/cm²，10月以后又逐渐减少。

气温：年平均气温为 21.4℃。极端最高气温 40.1℃，极端最低气温 –0.7℃，最冷月为 1 月，历年 1 月平均气温 12.3℃；最热月为 7 月，历年 7 月平均气温 28.2℃。

降水量：年平均降水天数为 167 d，降水量 1 693.8 mm，各季节雨量分配极不均匀，一年之中，雨量集中在 5—8 月，占全年总降水量的 64.0%，1 月和 12 月的雨量最少，仅分别占全年总降水量的 2.4% 和 2.2%。

相对湿度：年均相对湿度 76%。

干燥指数：0.74，属湿润型。

充足的光、水、热资源，给发展农林牧渔业提供了优越的生产条件。

3. 水源及土质

（1）水源

产区的生产生活用水为山泉、地下水和集雨水。除了流经境北的红水河外，其余为一些细小的河流，小溪纵横，山泉星罗棋布，四季涌流，水温冬暖夏凉，溪水清澈见底，透明如玉，具有甘甜清爽的口感，每年春末盛夏秋初，产区群众以水代茶，生饮解渴。较有价值的地表水主要有红水河、姑娘江、那汉河、六青河、乔利河、乔老河、杨圩河 7 条，地下水 11 条，地下水点 203 处，这些水点或是地下河的出口处，或与地下河相通。此外，还有中、小型水库 53 处，$1 \times 10^5 \, m^3$ 以下塘坝 553 处，总库容量 $1.135\,6 \times 10^8 \, m^3$，有效库容量 $7.605 \times 10^7 \, m^3$，控制集雨面积 349.78 km^2。

（2）土质

原产区由于地质特点、气候条件和自然因素的相互作用，形成了众多的土壤。境内的成土母质主要是石灰岩、砂页岩、硅质岩、第 4 纪红土和花岗岩 5 种，这些岩石经风化后，形成了本区域的成土母质（pH 值 5.8 ~ 7.5）。石灰岩遍及全境，各种土质不同程度受碳酸盐岩的影响，石灰土和石灰性土广泛分布。

4. 农作物种类及生产情况

产区内主要农作物以玉米、水稻、薯类、豆类、甘蔗、旱藕为主，蔬菜作物主要有叶菜类、根菜类、藤菜类、茎菜类、花果类、果菜类为主。2005 年，全县粮食总产量 110 600 t，其中稻谷产量 62 100 t，玉米产量 39 500 t。里当鸡长期以当地的五谷杂粮和野外昆虫为采食对象，也形成了其独特的肉质风味。

畜牧业除猪、山羊、鸡以外，马、牛、鸭、鹅、兔等均有饲养，2006年年末鸡存舍85.22万只、鸭47.69万只、鹅3.55万只。根据这次对产区养鸡情况的全面调查进行统计，饲养量233.49万只，其中里当鸡有25.14万只。全县年饲养里当鸡100只以上的有651户，50～100只的有1443户。

5. 土地利用情况、耕地及草场面积

产区所属四乡四镇共79个行政村35126户，人口24.74万。据2002年县国土局调查，全县土地面积114402.86 hm²。利用情况：耕地23954 hm²，园地1354.87 hm²，林地45538.02 hm²，居民点及工矿用地5276.68 hm²，交通用地926.05 hm²，水域4488.58 hm²，未利用土地29440.6 hm²。

6. 品种在当地的适应性及抗病情况

里当鸡适应产地湿热的亚热带山区气候和粗放的饲养管理方式，易饲养。该品种抗病能力强，从未发生恶性、劣性传染病。

7. 社会经济概况

产区为多民族聚居地，有瑶、壮、汉、侗、仫佬、苗、回、水等11个民族，2005年有七乡八镇，151个村（居）民委，104870户，人口52.3万人，其中农业人口45.75万人，劳动力27.32万人。2000年全县国内生产总值92928万元，农业总产值68219万元，畜牧业总产值29806万元，占农业总产值的43.69%。

二、品种来源及发展

（一）品种来源

1. 产区历史沿革

产区在夏、商、周时，满山林木苍郁，遍野荒草丛生，河沟纵横、水汽熏蒸，野生的飞禽走兽出没，人烟稀少。秦时属桂林郡地，汉至隋属郁林郡地，唐至清，属思恩府管辖下的几个土司，民国四年（1915年）成立隆山县，1951年隆山县与那马县合并成为马山县。里当鸡主产区的瑶民，大多于600多年以前从外地迁入，过着刀耕火种、猎食野生动物度日的原始生活。

2. 有关养鸡史料

由于战乱频繁，古籍史料已无从查考，目前有史可查有关鸡的最早资料是民国二十六年（1937年）出版的《隆山县志》。当时，县内饲养的土鸡已有很大的市场，为满足消费市场需求，当即已有人发展规模养鸡，《隆山县志》中册第24页第二行记载："畜鸡·民国七年，兴隆乡居民於中府庙地方高筑围墙，宽度约百余亩，环绕山坡，创为鸡院，内养母鸡数百，半年繁殖至千余头。……民国八年，李圩乡民於距乡里许之敦禀屯亦创鸡院，畜鸡数百。本县之鸡亦为出口，小宗商人到处收买，运出邕宁发仪者，估计每日不下三百头，合计全年出口，当十万头有余，此虽不足以云畜牧养殖，亦足征农家附业之盛也。"《隆山县志》中册第六编·经济·第四节产业·辛·其他物产第25页第6列载："县地出产最盛者，首为桐油、砂纸、生猪、生羊、生鸡……"

3. 风俗习惯

因黄色是代表皇帝的颜色，所以当地人以黄色为尊，喜选择黄色羽毛的鸡饲养，为表示对客人和生老病死者的尊重，产区群众每当逢年过节或招待至亲好友，馈赠礼品，都有宰杀或赠送里当鸡的习惯；妇女产后（生男孩用公鸡，生女孩用临产蛋的小母鸡）进食的第一餐，必定要吃里当鸡清煮的鸡汤，哺乳期内也要经常用未开产的小母鸡煮汤喝，认为可滋补身体、增加奶汁。《马山县志》第135页第16行，"生寿：本地区，凡生孩子，常以鸡及姜酒报告外家，外家即送礼物及补品。"《马山县志》第128页第5行："亲友来访，往往设宴相迎，杀鸡杀鸭，热情款待。"这种历史习俗促使人们不断淘汰杂色毛（皮）鸡而选留黄毛（皮）鸡饲养。因里当鸡肉质优良，售价一直较高，饲养量也较大。

（二）群体数量

2006年年底产区里当鸡存栏量34.53万只，其中种鸡3.54万只，肉鸡30.99万只。目前群体规模较大的有位于里当乡旧林场的里当鸡示范饲养场，存栏种鸡260只。

（三）选育情况，品系数及特点

1. 选育情况

1993—1996年，受广西壮族自治区农业厅委托南宁地区水产畜牧局和马山县品改站实施了《马山县里当鸡本品种选育及推广》项目。项目实施四年，经过选育后的里当鸡后代明显优于原始农村放养的鸡群后代，300 日龄平均产蛋量、产蛋率、蛋料比、种蛋受精率及孵化率、雏鸡各阶段的生长发育主要指标都比对照组有显著的提高（$P<0.01$）。产蛋率超过设计指标要求，选育后的种鸡群 300 日龄平均产蛋量 65.97 个，比对照组增产 38.72 个，提高 142.09％；平均产蛋率达 45.18％，比对照组提高 26.52％；蛋料比为 1∶3.44，比对照组少 1.76；受精率为 91.12％，比对照组提高 14.79％；受精蛋的孵化率及入孵蛋的孵化率分别为 94.39％和 86.01％，比对照组分别提高 10.86％和 22.25％；21 周龄公鸡体重 2.13 kg，比对照组高 0.62 kg，提高 41.06％；21 周龄母鸡 1.67 kg，比对照组增加 0.20 kg，提高 13.61％。该项目于 1997 年 2 月 25 日通过了验收。

2. 品系数及特点

里当鸡有两个品系，一是慢生羽系，该品系年产蛋量 40～70 个，体形较粗壮，生长速度相对较快。雏鸡从出壳至 60 d 左右重约 0.75 kg，公鸡除头、颈、翅膀尾和腿上部有零星的片状羽毛外，其余部位的绒毛几乎脱光，俗称"秃毛鸡"。二是快生羽系，该品系年产蛋量 60～120 个，体型较清秀，生长速度相对较慢，雏鸡不论公母，出壳 3～4 d 即开始生长主翼羽，8～10 d 主翼羽齐尾。

（四）保种情况

2003 年，由县扶贫办和世界宣明会马山项目办投资 80 万元，在乔利乡兴科村刁科屯建设的里当鸡保种场，于 2004 年 8 月投产，设计规模为年饲养种鸡 3 万只，发包给南宁市高凤公司经营后，由于 2005 年年底我国暴发了禽流感疫情，企业实力不雄厚，导致种鸡场倒闭。

2019 年，里当鸡养殖示范场存栏种鸡 560 只，由里当鸡协会经营管理。

（五）现有品种标准及产品商标情况

《里当鸡》地方标准于 2005 年经广西壮族自治区质量技术监督局发布实施，标准号 DB45/T 242—2005。

2003 年 6 月，由里当鸡协会提出申请，在广西壮族自治区工商局注册了"里当鸡"商标。

（六）消长形势

1. 数量规模变化

20世纪70年代，人们经济收入低，吃鸡比较困难，只要有鸡吃，就算满足了，所以肉用仔鸡有较大的市场，里当鸡因其生长速度慢而一度受到冷落。到了90年代，人们的经济收入不断提高，可消费的动物性产品也极其丰富，人们的消费热点转向鸡味浓郁的里当鸡。消费者对想吃的地方鸡种，即使价格比肉用仔鸡高1～2倍，他们都首选里当鸡。2002年，仅有20 679人口的里当乡，出栏肉鸡达15.7万只，人均出栏7.6只，饲养里当鸡已成为当地农民增收的新亮点。但随着经济和交通事业的发展，里当鸡与其他鸡种杂交情况日益严重，里当鸡受到前所未有的冲击混杂，特别是慢羽系里当鸡已到濒临灭绝的境地。

2. 品质变化

由于当地群众长期以来都采用放牧饲养的方式，让其自由采食虫、草等食物，再补喂玉米或稻谷，因此保持了原有的肉质风味，选育后的种鸡300日龄平均产蛋率45.18%，产蛋66个，比选育前分别提高26.52%和142.1%；21周龄平均体重2.0 kg，比选育前提高了27.3%。

3. 濒危程度

无危险。2005年以来，随着市场经济的发展，产区外来品种饲养量增加，纯种里当鸡数量已出现减少趋势。

三、体型外貌

1. 雏禽、成禽羽色及羽毛重要遗传特征

公鸡羽色多为黄红色或酱红色，有金属光泽，颈羽细长光亮，呈金黄色，颜色较体躯背部的浅，主尾羽黑色油亮向后弯曲，主翼羽瑶羽为黑色或呈黑斑；腹部羽毛有黄色（占74.6%）和黑色（占25.4%）两种。

母鸡羽色主要为黄色、麻色两种，黄色占38.4%，麻色占58.3%，其他杂色占3.3%；尾羽为黑色，主翼羽黑色或带黑斑；黄羽鸡的头颈部羽色棕黄，与浅黄的体躯毛色界限明显；麻色鸡的尾羽黑色，胸腹部浅黄色，颈、背及两

侧羽毛镶黑边。里当鸡羽色比例见表1。

表1　里当鸡羽色统计

公鸡	毛色	赤红色	酱红色
	比例（%）	70.5	29.5
母鸡	毛色	黄色	麻色
	比例（%）	34.4	58.3

2. 肉色、胫色、喙色及肤色

肉色为白色，喙、脚胫、皮肤均为黄色。

3. 外貌描述

（1）体型特征

体躯匀称，背宽平，头颈昂扬，尾羽高翘，翅膀长而粗壮。脚胫细长、截面呈三角形，有的整个胫部长满羽毛，群众称为"套袜子鸡"（图1）。

（2）头部特征

冠：单冠，红色，直立，前小后大，冠齿5～9个。

虹彩：以橘红色最多，黄褐色次之。

肉髯：长而宽，富有弹性，颜面、耳垂鲜红有光泽，眼大有神。

图1　里当鸡

四、饲养管理

里当鸡饲养管理粗放，只对1月龄内的雏鸡稍加管护，15日龄前喂些碎米、稻谷及煮熟的大米饭，15日龄后只于早晚补喂少量本地出产的玉米和竹豆、黑豆、火麻仁等杂粮。在农作物收获季节不再补喂饲料，任其在耕地上啄食谷物。一般没有专门的鸡舍，终年以放牧为主，白天游走田边地角、村寨附近觅食，晚上栖息在猪、牛、羊圈上或树上。

产区有阉公鸡育肥的习惯，一般选择出壳 3 ~ 4 月龄、开啼以后的小公鸡，请当地的畜牧兽医人员将其睾丸摘除，术部以前多选择在胸骨后面，由于该部位容易受地面污染，创口不易愈合，现多选翅膀下肋间下刀。阉割育肥的公鸡多在春节前的一二个月进行强制育肥，用木条或竹片做成特制的鸡笼限制其活动，所用饲料多是精料，如煮熟的玉米、大米饭和竹豆、黑豆、黄豆粉等。

五、品种保护和研究利用现状

（一）生化测定

2003 年 10 月，广西分析测试中心对里当鸡的营养成分进行分析，鲜肉中含有 18 种人体必需的氨基酸，氨基酸总量母鸡为 18.78%，公鸡为 17.51%；产生风味物质的谷氨酸公鸡肉含量为 2.82%、母鸡肉含量为 3.03%，肌苷酸公鸡肉为 1 060 μg/kg、母鸡肉为 1 390 μg/kg。此外，还含有丰富的铁、锌、钙、磷、维生素 A 等。2003 年 10 月，广西大学生物技术实验中心对里当鸡的胸肌纤维进行了电子显微镜扫描观察，从拍摄到的照片看，肌纤维横径为 0.4 ~ 0.6 μm，且公鸡母鸡的数值大小基本一致。

（二）保种与利用

2003 年，由县扶贫办牵头，会同县畜牧局、世界宣明会马山项目办和县里当鸡协会，4 家联合向广西区扶贫办申报实施"马山县里当鸡保种与开发项目"，旨在通过从产区群众选出符合要求的种鸡在种鸡场统一饲养，雏鸡出壳后，以"公司＋农户"的形式发给贫困村民饲养，由公司提供饲料和技术指导，后备公鸡在 90 日龄选种，母鸡 110 日龄选种，余下的在 140 ~ 150 日龄作为商品鸡回收。项目总投资 260 万元，其中自治区财政投入 50 万元，世界宣明会投入 30 万元，在乔利乡兴科村刁科屯建立了"里当鸡种鸡场"，并引进南宁市高凤种鸡场投入流动资金经营。

六、对品种的评价和展望

里当鸡是特定的自然地理环境和人文因素条件下长期繁衍生息形成的原

始地方肉用型鸡种。该品种鸡肌肉丰满，骨细脚矮，皮肤、喙及脚胫均为黄色，宰后食用，有特殊的香甜味，因而又有"里当香鸡"的美誉。

里当鸡一直保留着祖先遗传的野性生长基因，所以体态优美紧凑，习性、体型都与其他改良的黄羽鸡种有着根本性的区别，有一定的飞翔能力，2 kg 体重的成年鸡在受惊吓的情况下，可于离地 1 m 左右高度飞行 20 余米，亦可轻而易举飞上二三米高的树上、屋顶栖息。耐粗饲，觅食能力强，喜啄食青绿饲料，并且喜欢捉食飞虫和扒食地下昆虫。调查资料显示，用 5% ~ 15% 的玉米（或稻谷）饲养里当鸡，再补喂 15% ~ 20% 的青绿多汁嫩饲草，并让其自由采食虫、草等食物，饲养 110 ~ 150 d，每只鸡体重可达 1.1 ~ 1.5 kg，获纯利 8 ~ 10 元 / 只。

里当鸡品种作为广西麻鸡的重要组成部分，但仍然存在养殖规模小而分散，生产性能偏低等问题，应尽快划定保护区，设立保种场，开展资源保护和本品种选育提高等工作。

东 兰 乌 鸡

一、一般情况

东兰乌鸡为兼用型地方品种，俗称"三乌鸡"，因其毛、皮、骨三者皆黑而得名，当地壮语叫"给起"。2002年3月通过广西壮族自治区畜禽品种审定委员会认定，命名为东兰乌鸡。2009年6月30日国家畜禽遗传资源委员会家禽专业委员会专家组对东兰乌鸡进行遗传资源现场鉴定，根据体型外貌、地理分布和生态环境考察结果，建议东兰乌鸡与凌云乌鸡两遗传资源合并，命名为广西乌鸡，于2009年10月15日农业部公告第1278号正式发布。

（一）中心产区及分布

原产区为东兰县，中心产区为隘洞和武篆镇。主要分布于县内的长江、巴畴、三石、三弄等乡镇。毗邻的凤山、巴马、金城江等县区也有少量分布。

（二）产区自然生态条件

1. 产区经纬度、地势、海拔

东兰县地处云贵高原余脉，位于东经107°5′～107°43′，北纬24°13′～24°51′，东与河池市金城江区接壤，西邻凤山县，南接巴马、都安、大化县，北连天峨、南丹县。全县南北长68 km，东西宽65 km，总面积为2 415 km²，红水河自北向南贯穿全境，全长94 km。东兰县境内山岭延绵，丘陵起伏，地势北高南低，自西北向东南倾斜，东北部属南岭系凤凰山脉，西部属云岭大明山系东风岭，西南部属大云岭系都阳山脉，中部还有巴则山脉，海拔最低为176 m，最高为1 214 m。

2. 气候条件

产区位于亚热带季风气候区，冬短夏长，冬暖夏凉，气候温和，光照充足，四季分明。气象资料记载，年最高气温 37 ℃，最低气温 1 ℃，年平均气温为 20.8 ℃，年际变动一般在 19.2 ～ 20 ℃，年平均日照时数 1 586 h，无霜期每年从 2—12 月，霜降连续天数一般不超过 3 d，无霜期为 330 ～ 350 d，每年 4—8 月为多雨季节，年降水量 1 200 ～ 1 500 mm，蒸发量为 1 220 mm，年雨天日数一般为 199 d，年平均风速 3 m/s。由于境内地形复杂，有土山、石山和高寒 3 种山区气候类型，海拔和冲麓两边山峦的高低对气温亦有所影响，海拔每升高 100 m，气温随之下降 0.5 ～ 0.6 ℃，县内平均气温稳定通过 10 ℃的总积温为 6 746 ℃以上。

3. 水源及土质

县内河流属珠江流域之红水河水系，大小河溪除西南部的东平河流入巴马县盘阳河外，其余均顺地势的倾斜方向从东北、西南流向中部汇入红水河。全县水资源包括地表水和地下水。平均年径流总量 $17.28 \times 10^8 \text{ m}^3$，平均每人拥有地表水径流水量 7 312 m^3（不包括红水河），主要使用地表水。土质石山区为松泥土，土坡丘陵地带为砂页岩红壤和红壤土。沙壤土、壤土、黏壤土占 84 %，耕作土耕层较厚，有机质含量中等，pH 值呈中性，含磷含钾量较低。

4. 农作物种类及生产情况

农作物主要有水稻、玉米、甘薯、木薯，其次是芭蕉芋、南瓜、黑米、黑芝麻、大豆、白豆、竹豆、黑豆、绿豆、小米、高粱、荞麦、芋头等。据统计，2006 年粮食总产量 54 058 t，其中玉米产量 17 362 t，稻谷产量 19 181 t，芭蕉芋产量 3 623 t，大豆产量 1 506 t，甘薯产量 2 591 t，木薯产量 1 612 t，小麦产量 175 t，白豆、竹豆产量 91 t，其他作物产量 7 953 t。

5. 土地利用情况、耕地及草场面积

国家重点建设基础项目——岩滩水电站 1992 年蓄水发电后，东兰县耕地面积由原来的 14 000 hm^2 下降到现在的 1 000 hm^2，林业用地 95 300 hm^2，宜牧地 98 700 hm^2。

6. 品种对当地条件的适应性及抗病能力

东兰乌鸡是在自然放牧的条件下饲养，补以饲喂当地种植的谷物及农副产品，在适应当地自然条件的同时，其抗病能力也很强，在进行鸡新城疫免疫的情况下，其病死率在 12% 以下。

二、品种来源及发展

(一) 品种来源

东兰群众素有养鸡习惯，群众饲养东兰乌鸡已有悠久的历史，据东兰县志记载，至今已有二三百年的历史。东兰县是一个以壮族为主的地区，壮族人口占全县总人口的 90% 以上。壮族人民多用自织的土布经自制的蓝靛染料制成黑色做衣料，款式多种多样，但都是以黑色为主调。壮族女子的服装一般为一身蓝黑，裤角稍宽，头上包提花毛巾，腰间系精致的围裙；小伙子多穿对襟上衣，腰间系一条腰带。同时，东兰是一个远离大都市的山区县，交通、信息闭塞，外来商品极少，因此人们都是以自织的土布来做服饰为主，中华人民共和国成立前，东兰农村的壮族群众都是以自染的黑色土布来做服装，黑色与人们日常生活息息相关，自古就与黑色结下了不解的渊源，而到今天，在特别重大的喜庆节日如春节、三月三等壮族人民群众都还穿着黑色的节日盛装来庆贺节日，因此东兰壮族人素有穿黑色衣服和饲养乌鸡的习惯。当地盛产墨米、玉米、火麻、黑豆及农副产品等，饲料资源丰富，饲养乌鸡既是农村人民群众肉食的主要来源之一，也是农村经济的重要来源之一。乌鸡在当地历来被认为是高级滋补品，群众有清炖乌鸡滋补的消费习俗，逢年过节、探望产妇、病员、儿童和老人，乌鸡是最佳的礼品。另外，产区地处山区，过去交通不便，没有与其他外来鸡种混杂。在长期的人工选择以及当地气候、自然地理环境和饲养管理等条件的共同影响下逐步形成了东兰乌鸡。

(二) 群体数量

据统计，2006 年年底，全县东兰乌鸡存栏 39.3 万只，其中种鸡 3.7 万只，出栏乌鸡 38.6 万只，分别占鸡总存栏和出栏的 51.54% 和 67.2%。全县饲养东兰乌鸡 50 只以上的有 2 150 户，年饲养 100 只以上的有 1 260 户，年饲养 200 只以上的有 96 户。东兰乌鸡原种繁育场种鸡存栏 5 000 套，年产鸡苗 30

万只左右。2019 年，东兰乌鸡种鸡存栏 20 000 套，全年出栏东兰乌鸡 200 万只。

（三）选育情况、品系数

东兰乌鸡虽然耐粗饲、生活力强、适应性广，但由于没有经过系统选育，体型大小不一，生产性能参差不齐。为挖掘东兰乌鸡品种资源，提高东兰乌鸡的品种整齐度和生产性能，东兰县于 1999 年在隘洞镇板老村纳得屯东兰县种畜场内建立了东兰乌鸡原种繁育场，从农村挑选个体较均匀、毛色全黑、皮乌、骨乌的乌鸡进行系统的品系选育。选择早期生长速度快，本品种特征明显，受精率高的作为父系；而产蛋多、受精率和孵化率高，具有一定产肉能力的作为母系。以父系配母系繁殖商品代供应市场。7 年共选育种鸡102 310 只，其中母鸡 82 560 只，公鸡 10 200 只。现该品种纯度和适应性不断得到提高，个体重差异逐步缩小，特性基本稳定，生长速度相对较快，肉质结构不断得到优化，粗纤维含量相对减少，繁殖性能也相应提高。2012 年开始，广西壮族自治区畜牧研究所引进东兰乌鸡开展该品种鸡的异地保种及新品系选育，获得广西壮族自治区水产畜牧兽医局的项目立项 3 项，培育出丝羽乌鸡和片羽乌鸡新品系。

（四）品种标准及产品商标情况

《东兰乌鸡》地方标准，标准号为 DB45/T 101—2003；东兰乌鸡商标名称为"山乌"，商标号为 3411411 号。2017 年东兰乌鸡获国家地理标志产品，已开发有乌鸡汤等食品产品，注册有立腾乌鸡汤等品牌产品。

（五）近 15 ~ 20 年消长形势

1. 数量规模变化

20 世纪 80 年代，东兰乌鸡肉鸡饲养量为 5 万只，到 90 年代饲养量为10 万只，2000 年饲养量 12.3 万只，2004 年饲养量为 19.3 万只，2008 年发展到 30 万只。2019 年，东兰乌鸡种鸡存栏 20 000 套，全年出栏东兰乌鸡200 万只。

2. 品质变化

东兰乌鸡耐粗饲、适应性广、合群性好，利于山区放牧饲养。肌肉保持优质的风味特性。

近年来，随着市场需求的变化，乌鸡蛋的消费逐年增加，东兰乌鸡已从单纯的肉用型，发展成肉蛋兼用型，乌鸡的饲养方式也由传统的放牧饲养转变为舍饲。随着选育和营养水平的提高，东兰乌鸡的生产性能有了很大提高，年产蛋量由原来的 100 个提高到 130 个。

3. 濒危程度

产区饲养量逐年增加，分布广，发展势头良好。无濒危情况。

二、体型外貌

1. 成年鸡、雏鸡羽色及羽毛重要遗传特征

公鸡：羽毛紧凑，头昂尾翘，颈羽、覆翼羽、鞍羽和尾羽并有亮绿色金属光泽。羽色以片状黑羽为主，有部分为丝状黑羽，少数颈部有镶边羽，个别有凤头。

母鸡：羽毛以片状黑羽为主，有部分为丝状黑羽，其中颈羽、覆翼羽和鞍羽有亮绿色金属光泽。

雏鸡：1 日龄出壳雏鸡绒毛 95% 以上为全黑，5% 以下腹部绒毛为淡黄色。

2. 肉色、胫色、喙色及肤色及其他特征

喙、胫为黑色，皮肤和肌肉颜色以黑色为主，占 85%，有 15% 的皮肤为黄色。

3. 外貌描述

（1）体型特征

体型近似长方形，体躯中等大小。

（2）头部特征

公鸡单冠黑色、冠大直立，冠齿数 7 个；母鸡单冠黑色，冠小直立，冠齿数 4 ~ 7 个，大小不一。肉垂、耳叶和虹彩颜色均为黑色；喙为黑色，圆锥形略弯曲。

（3）其他特征

东兰乌鸡一般为 4 趾，少数 5 趾。少数鸡有凤头和胫羽。

四、饲养管理

东兰乌鸡在农村以放牧饲养为主，适当补饲农作物及其副产品。规模饲养

场多采用半舍饲饲养。东兰乌鸡适于山区、丘陵地区饲养。为了保持乌鸡的肉质，其饲养方式必须符合乌鸡的生物学特性要求。育雏期给予适宜的温度、湿度、通风、光照及饲养密度，为雏鸡的生长发育创造良好的环境条件，饲料采用全价饲料，脱温后可放牧山间，让鸡自由采食昆虫、植物籽实、野草等，早晚适当补喂一些玉米、稻谷、墨米、竹豆、火麻、大豆、糠麸等饲料至出售。在饲养过程中禁用对人体健康有害的饲料、添加剂及药物，严格执行停药期。东兰乌鸡疫病防治采取预防为主，除按免疫程序进行免疫外，平时注意加强场地、用具、鸡群、人员的卫生消毒等。

五、品种保护与研究利用情况

东兰乌鸡虽然耐粗饲、生活力强、适应性广，但由于没有经过系统选育，体型大小不一，生产性能参差不齐。为提高东兰乌鸡的品种整齐度和生产性能，东兰县于 1999 年建立东兰乌鸡品种繁育场，对东兰乌鸡进行系统的品系选育。选择早期生长速度快，本品种特征明显，受精率高的作为父系；而产蛋多、受精率和孵化率高，具有一定产肉能力的作为母系。以父系配母系繁殖商品代供应市场。经十多年选育，种鸡的生产性能不断得到提高，商品代个体体重差异逐步缩小，生长速度和生活力也明显得到提高。以东兰乌鸡为素材，培育了金陵乌鸡。

六、对品种的评估和展望

东兰乌鸡是适于在山区和丘陵地区放牧饲养的优良品种。近年来，经选育其生产性能和群体整齐度有了较大的提高，尤其是产蛋性能的提高表现突出，入舍母鸡产蛋量由原来的 80 个提高到 129 个，表明它的产蛋潜力很大，今后可以作为一个产蛋品系进行选育提高。东兰乌鸡肉质鲜嫩可口，营养价值高，在我国，乌鸡历来作为高档滋补品，具有很高的药用价值，东兰乌鸡的生活力、生长速度、产肉性能和繁殖性能等与丝毛乌骨鸡相比均具有较大的优势。作为药用品种的开发利用，东兰乌鸡的发展潜力大（图 1）。

图1　东兰乌鸡

凌 云 乌 鸡

一、一般情况

凌云乌鸡为兼用型地方品种。俗称"乌骨鸡"，因其骨骼为黑色而得名；又因其外观喙、冠、脚、皮、肉都为乌黑色，故当地群众又称为"五乌鸡"。2006年6月通过广西壮族自治区畜禽品种审定委员会认定，命名为"凌云乌鸡"。2009年7月1日通过国家畜禽遗传资源委员会家禽专业委员会专家组现场鉴定，建议与"东兰乌鸡"合并，命名为"广西乌鸡"，同年10月15日农业部公告第1278号正式发布。

（一）中心产区及分布

凌云乌鸡原产于广西凌云县。主要分布于玉洪乡、加尤镇、逻楼镇、泗城镇、下甲乡、沙里乡等乡（镇）。目前存栏总数约1万只，其中心产区的玉洪乡乐里、八里、伟达、那力、岩佃等村农户年饲养的存栏数4 000～6 000只。毗邻的田林县浪平乡和乐业县的甘田镇也有一定分布。

（二）产区自然生态条件

凌云县位于广西西北部，地处云贵高原余脉。东经106°24′～106°55′，北纬24°6′～24°37′，南北长58.83 km，东西宽53.74 km，近似矩形。地势由北向南倾斜，东西两边是连绵起伏的土山和纵横的溪沟，中部则是巍峨林立的山峰，星罗棋布的石山，全县海拔在210～2 062 m。凌云县属亚热带季风气候，冬短夏长。全县年平均降水量1 718 mm，年均日照1 443 h，年平均气温20℃，月平均最低气温是1月8.3℃，最高是7月26.4℃，极端最高气温38.4℃，极端最低气温是−2.4℃，年有霜期一般为1～4 d，最长17 d，年平均无霜期343 d，冬暖夏热，秋高气爽，雨量充沛，气候温和。年平均相对湿度78%，最低是2

月 72%，最高是 8 月 85%。土山地区土质是砂页岩母质，海拔 600 m 以下的为砂页岩红壤，海拔 600 ~ 1 000 m 的为砂页岩黄红壤，海拔 1 000 m 以上为砂页岩黄壤，其酸碱度为酸性至微酸性，有机质含量中等，缺磷、缺钾比较普遍；石山地区的土壤是石灰岩土质，呈酸性，有机质含量中等，普遍缺磷、缺钾。

凌云县土地面积 2 053 km²。耕地面积 11 200 hm²，人均耕地 0.058 hm²。其中水田面积 3 341.67 hm²，人均只有 0.26 亩，其余 7 858.33 hm² 为旱地，人均 0.04 hm²。凌云县农作物主要有水稻、玉米、小麦、甘薯、大豆、木薯，其次是白豆、豌豆、南瓜、芋头、凉薯等，主产稻谷和玉米，每年一茬水稻一茬玉米，间种其他杂粮作物。据统计，2005 年粮食产量为 46 873 t，其中稻谷 23 816 t、玉米 17 582 t、甘薯 1 913 t、大豆 1 695 t。经济作物主要有茶叶、八角、油茶、甘蔗、水果、桑蚕等。

凌云乌鸡尚未进行过专门的、系统的选育工作。一直以来都是农家自繁自养，由母鸡孵化种蛋，母鸡带仔，饲喂单一饲料的传统养殖方式。养殖数量多的农家也只有几只至十几只母鸡，留为种用的公母鸡以黑为标准，外观喙、冠、皮肤、胫、趾黑色的留作种用，但羽毛颜色没有特别讲究，没有对生产性能进行选育。所以，凌云乌鸡的就巢性都较强，生产性能比较低。

凌云乌鸡肉鸡和蛋鸡主要是农家自养自繁，在当地集市销售和自食，也有节日时走亲戚作为礼品相送，由于交通的不便和没有形成规模养殖，肉鸡没有批量外销。民间有把乌鸡作药用的习俗，用作治疗骨折的主要辅助药引。当地人食用乌鸡主要用来煲汤，认为乌鸡煲汤有滋补功效，尤其是作为产妇产后体虚及补血的首选食品。

二、品种来源及发展

（一）品种来源

凌云县古称泗城府，早在 2 000 多年前，在县境内就有人类祖先在此刀耕火种繁衍生息。宋皇佑五年（公元 1053 年）在凌云设置泗城州，州治在下甲乡河洲村。明洪武六年（公元 1373 年），州治迁到现县城所在地泗城镇。此后，泗城镇一直作为州、府、县治所在地。凌云县有 860 多年的州、府、县建制历史，县名始于清乾隆五年（公元 1740 年）设置凌云县，至今 266 年。

凌云乌鸡的形成具有悠久的历史，县志记载"岑王老山周边的玉洪乡乐里、八里、伟达、那力、岩佃等村屯较早以前就有凌云乌鸡"。因其外观喙、冠、胫、趾、皮是乌黑色，故当地群众称为"五乌鸡"。当地群众有把乌鸡作药用的习俗，用作治疗骨折的主要辅助药引。而乌鸡煲汤对于治疗产妇产后体虚及补血更是得到了群众的认可。

1999 年，县水产畜牧局曾经从玉洪乡八里村及乐里村收购了部分种蛋在县城进行人工孵化和培育。但是由于收购得到的种蛋质量参差不齐，孵化率低，成活率低，共孵化出苗 1400 只，分到 3 户农户中进行饲养，出栏肉鸡 780 只。这是凌云乌鸡首次人工孵化和人工饲养。

（二）群体规模

中心产区和分布区的凌云乌鸡现存数量约为 1 万只，均为农户散养，目前县内有一个规模种鸡场，种鸡存栏 5 万套，全县年养殖 400 万只。

（三）群体数量的消长

1990 年凌云乌鸡的养殖存栏量约 6 万只，2000 年存栏量约 4 万只，2004 年约 1.2 万只，2006 年约 1 万只，1990 年后养殖量呈逐年减少的趋势。养殖数量的减少主要是传统的饲养管理方式落后和疾病发生较多，防疫工作跟不上，死亡率高造成的。2019 年，凌云乌鸡种鸡存栏量 5 万只，年出栏量大约 350 万只。

三、体型外貌

体躯中等偏小，身稍长，近似椭圆形，结构紧凑，羽毛较丰长。由于未经选育，个体大小不均匀，大的可达 2.5 kg 以上，一般在 1.7 kg 左右。

公鸡头昂尾翘，颈羽、鞍羽呈橘红色；体羽以麻黑或棕麻为主，大部分主翼羽黑色，部分镶黄边；部分主翼羽、副翼羽和尾羽呈黑色并有亮绿色金属光泽。成年母鸡黄麻羽为主，少数深麻、颈部有黄色芦花镶边羽，部分黑羽颈部芦花镶羽，个别黄羽、白羽。1 日龄雏鸡绒毛 90% 以上为麻黑，10% 以下腹下部绒毛为淡黄色，部分背部有棕黑色条斑。

公鸡单冠，黑色或黑里透红，冠大，多数直立，少数后半部分侧向一边，冠齿 6 ~ 8 个；母鸡单冠，多数黑色，部分红色，较小直立，冠齿 5 ~ 8 个；肉髯、耳叶为黑色，与冠色相同。耳部羽毛浅黄色。虹彩为黑色或橘红色。喙为黑色，略弯曲，基部色较深；胫黑色，少数个体青灰色，约有30%鸡有胫羽，趾黑色；皮肤为黑色，但色泽深浅不一，有的皮肤黑色较淡呈灰色，有80%个体为黑色，20%个体为灰色。肌肉、内脏器官、骨骼为黑色，不同个体黑色程度有浓淡差别。

凌云乌鸡原来羽毛颜色杂，有乌黑、白色、麻黄、麻黑，胫较长，体型近似野鸡，经过近20年来产地农户的自然选择，现在乌鸡羽毛颜色以麻黄为主，体型已更为紧凑（图1）。

图1　凌云乌鸡

四、饲养管理

凌云乌鸡仍以传统的自然交配，自繁自养的方式进行散养，没有形成较大的养殖规模。通常21日龄以后喂稻米或粉碎后的玉米粒，可采食玉米粒后直接用玉米颗粒撒喂或用米糠拌剩饭饲喂，直至可上市销售。

五、品种保护与研究利用现状

2011年建立凌云乌鸡保种场，但保种群规模不大，面上凌云乌鸡群体数量也不多，且饲养分散，长期以来没有得到足够重视，近年才被逐渐挖掘出来，品种资源保护工作要尽快开展，并开发利用。凌云乌鸡有待开发利用。

2009年自治区质量技术监督局颁布《凌云乌鸡》地方标准，标准号DB45/T 602—2009。2018年凌云乌鸡获国家地理标志产品。

六、对品种的评价和展望

凌云乌鸡表现出的"五乌"特征，喙、冠、皮、脚（胫趾）、肉呈黑色，加上黄麻羽，有非常明显的特征。其肉质幼嫩、甘甜、味鲜、气味香浓，是很好滋补食品。且具有耐粗饲，适应性强易饲养的特点。凌云乌鸡有其独特的遗传特性，应进一步加强这一资源的保护和开发利用。

龙 胜 凤 鸡

一、一般情况

龙胜凤鸡为兼用型地方品种。因其羽毛色彩丰富华丽、尾羽长而丰茂、头颈羽鲜艳有胡子而得名，有类似凤凰之意。又因主产区在瑶族居住的山区，因此当地群众称为"瑶山鸡"。

（一）中心产区及分布

中心产区为龙胜各族自治县的泗水、马堤、和平等乡，毗邻的资源县河口乡、三江县斗江镇也有少量分布。

（二）产区自然生态条件

龙胜各族自治县位于广西壮族自治区东北部，地处越城岭山脉西南麓的湘桂边陲，北纬25°29′21″～26°12′10″，东经109°43′28″～110°21′41″。全县境内山峦重叠，沟谷纵横，山高坡陡，是典型的山区县，素有"万山环峙，五水分流"之说。地势呈东、南、北三面高而西部低。全境山脉，越城岭自东北迤逦而来，向西南绵延而去。海拔700～800 m，最高点为大南山，海拔1940 m，最低海拔163 m。地处亚热带，年平均气温18.1 ℃，最高气温39.5 ℃，最低气温 −4.3 ℃。全年光照为1244 h，平均每天光照3.4 h，平均无霜期314 d，年降水量1500～2400 mm，相对湿度80%，风力1～3级。境内水源充沛，河流资源较多，大小河流480多条，总长1535 km，年径流量2.626 1×10^{10} m³，主河为桑江，贯穿全县88 km，为浔江上游，属珠江水系。近年来大小河流相继兴建了大批的拦河水库电站。土壤成土母岩90%以上是砂页岩，土层深厚，有机质较丰富。

主要农作物有：水稻、玉米、甘薯；其次是：大豆、白豆、冬瓜、南瓜、芋头、花生、马铃薯、凉薯等。水果有柑橘、南山梨、桃、李等。主产稻谷和玉米，单季轮作。

由于主产区交通不是很方便，龙胜凤鸡完全是处于封闭状态的自繁自养，少部分在当地集市销售，大部分为自己食用。由于鸡肉质风味特佳，羽毛羽色独特，近几年有人从农户收购肉鸡外销，深受欢迎而价格又高，因此，龙胜凤鸡声名远扬。

二、品种来源及发展

（一）品种来源

据《龙胜县志》记载，龙胜县瑶族地区很早就饲养有一种外观非常美丽的瑶山鸡，是民族风俗活动的尚品，至今全县 10 个乡镇的山区中仍有原鸡生长繁殖。县境内群山环峙，形成与外界隔离的天然屏障，特别是边远山区的少数民族，基本不与外界接触，很可能是少数民族狩猎捕获活原鸡经长期驯化而成，当地群众叫"瑶山鸡"，也叫"凤鸡"。

（二）群体规模

据统计，至 2007 年年底，全县凤鸡种鸡 0.6 万套，年生产鸡苗 50 万只，存栏肉鸡 25 万只，年出栏 45 万只。其中中心产区的泗水、马堤、和平等乡存栏量分别为：3.59 万只、2.08 万只、2.07 万只。2019 年年底，凤鸡种鸡 6 万套，年生产鸡苗 500 万只，存栏肉鸡 250 万只，年出栏 450 万只。

（三）群体数量的消长

20 世纪 80 年代以来，纯种的凤鸡饲养量越来越少，只有在边远的山区村屯还饲养有纯种凤鸡，2001 年龙胜县水产畜牧兽医局建立了龙胜凤鸡种鸡场，经过十几年的建设，现有种鸡 60 000 套，年供种苗 600 万只。龙胜凤鸡在全县各村都有养殖，但仍以中心产区的泗水、马堤、和平等乡饲养量较多，以小型养殖户较多。县外已发现有该品种鸡的养殖，其中广西鸿光农牧有限公司引种进行了异地保种。

三、体型外貌

龙胜凤鸡体躯较短，结构紧凑，个体大小差异大。部分有凤头、胡须、毛脚。公鸡单冠鲜红色，大而直立，冠齿 6 ~ 8 个；母鸡单冠，红色，较小直立，冠齿数 5 ~ 8 个，大小不一。肉髯、耳叶为红色。耳部羽毛浅黄色。虹彩为黑色或橘红色。成年公鸡羽毛紧凑，颈羽、鞍羽呈黑羽镶白边至全羽白色的公鸡，腹部羽为黑色或棕麻色；颈羽、鞍羽呈黑羽镶深黄边至全羽深黄的公鸡，腹部羽为棕红色或深麻色。主翼羽、副翼羽和尾羽多呈黑色并有亮绿色金属光泽。母鸡羽色浅麻、深麻为主，颈部有黑羽镶白边或镶黄边。少数母鸡体羽为黄羽、白羽、黑羽（图 1）。

肉色多为白色，少量为淡的黑色；胫黑色或青灰色，横截面稍呈三角形，50% 以上有胫羽；趾黑色，较细长。喙栗色，略弯曲。肤色以白色为主，个别浅黄或灰黑色。皮薄，脂肪少。

图 1　龙胜凤鸡

四、饲养管理

龙胜凤鸡在农村中至今仍以散养、放牧为主的饲养方式。龙胜县水产畜牧兽医局种鸡场为适应农村养鸡管理粗放的特点，推广经脱温免疫的 5 周龄雏鸡，提高了养殖的成活率。

五、品种保护与研究利用现状

龙胜各族自治县水产畜牧兽医局建立一个凤鸡种鸡场，后由宏胜公司进行管理，开展了龙胜凤鸡品种的品系选育，广西壮族自治区畜牧研究所对该品种进行了分子遗传方面的测定研究。

用微卫星和线粒体 mtDNA D－loop 序列对经过家系保种法保种的龙胜凤

鸡进行遗传多样性分析，探讨龙胜凤鸡现有品种的遗传资源现状及遗传潜力，为地方品种的科学保护提供方法。

（一）微卫星标记位点结果分析

由表1可知，在18对微卫星标记的鸡群中共检测到129个等位基因，每个位点的等位基因数从3（MCW0103）～16（MCW0034）个不等，鸡群平均等位基因数及平均有效等位基因平均分别为5.56和3.18。18个位点除ADL0112、MCW0103、MCW0098、MCW0216位点外，其余的14个位点均有较高的杂合度及多态信息含量。鸡群的平均多态信息含量PIC和杂合度分别为：0.586 9、0.649 0，均值都高于0.50，说明龙胜凤鸡的保种群还具有比较丰富的遗传多样性。

表1　18个微卫星标记的多态性

微卫星位点	来源	引物序列	等位基因			H 杂合度	PIC
			总群	有效	平均		
MCW0123	Chr. 14	5'-CCACTAGAAAAGAACATCCTC-3' 5'-GGCTGATGTAAGAAGGGATGA-3'	8	4.58	7.75	0.781 8	0.695 2
ADL0112	Chr. 10	5'-GGCTTAAGCTGACCCATTAT-3' 5'-ATCTCAAATGTAATGCGTGC-3'	5	2.28	4.00	0.558 9	0.429 2
MCW0014	Chr. 6	5'-TATTGGCTCTAGGAACTGTC-3' 5'-GAAATGAAGGTAAGACTAGC-3'	9	2.66	5.5	0.623 9	0.598 1
MCW0034	Chr. 2	5'-TGCACGCACTTACATACTTAGAGA-3' 5'-TGTCCTTCCAATTACATTCATGGG-3'	16	3.78	10.25	0.735 6	0.760 9
MCW0103	Chr. 3	5'-AACTGCGTTGAGAGTGAATGC-3' 5'-TTTCCTAACTGGATGCTTCTG-3'	3	1.57	2.25	0.363 1	0.338 2
MCW0295	Chr. 4	5'-ATCACTACAGAACACCCTCTC-3' 5'-TATGTATGCACGCAGATATCC-3'	10	5.15	7.75	0.806 1	0.749 4
MCW0078	Chr. 8	5'-CCACACGGAGAGGAGAAGGTCT-3' 5'-TAGCATATGAGTGTACTGAGCTTC-3'	6	3.00	5.25	0.666 5	0.611 9
MCW0222	Chr. 3	5'-GCAGTTACATTGAAATGATTCC-3' 5'-TTCTCAAAACACCTAGAAGAC-3'	4	2.00	3.75	0.497 0	0.530 1
MCW0098	Chr. 4	5'-GGCTGCTTTGTGCTCTTCTCG-3' 5'-CGATGGTCGTAATTCTCACGT-3'	4	1.68	3.75	0.404 9	0.406 7
MCW0111	Chr. 1	5'-GCTCCATGTGAAGTGGTTTA-3' 5'-ATGTCCACTTGTCAATGATG-3'	7	4.32	6.25	0.768 5	0.681 8
MCW0037	Chr. 3	5'-ACCGGTGCCATCAATTACCTATTA-3' 5'-GAAAGCTCACATGACACTGCGAAA-3'	5	2.97	4.00	0.663 4	0.573 9
MCW0248	Chr. 4	5'-GTTGTTCAAAAGAAGATGCATG-3' 5'-TTGCATTAACTGGGCACTTTC-3'	5	2.74	4.25	0.635 5	0.580 5

（续表）

微卫星位点	来源	引物序列	等位基因			H 杂合度	PIC
			总群	有效	平均		
LEI0116	Chr. 3	5'-CTCCTGCCCTTAGCTACGCA-3' 5'-TATCCCCTGGCTGGGAGTTT-3'	5	2.91	4.25	0.656 4	0.515 8
ADL0268	Chr. 1	5'-CTCCACCCCTCTCAGAACTA-3' 5'-CAACTTCCCATCTACCTACT-3'	9	4.07	6.25	0.754 3	0.616 5
MCW0216	Chr. 13	5'-GGGTTTTACAGGATGGGACG-3' 5'-AGTTTCACTCCCAGGGCTCG-3'	7	2.35	5.25	0.576 1	0.481 9
MCW0020	Chr. 4	5'-TCTTCTTTGACATGAATTGGCA-3' 5'-GCAAGGAAGATTTTGTACAAAATC-3'	4	3.35	3.75	0.701 8	0.583 5
MCW0206	Chr. 2	5'-ACATCTAGAATTGACTGTTCAC-3' 5'-CTTGACAGTGATGCATTAAATG-3'	9	4.18	7	0.761 0	0.760 2
MCW0183	Chr. 7	5'-ATCCCAGTGTCGAGTATCCGA-3' 5'-TGAGATTTACTGGAGCCTGCC-3'	13	3.67	8.75	0.727 8	0.650 6
平均			7.17	3.18	5.56	0.649 0	0.586 9

（二）龙胜凤鸡 mtDNA D-loop 区序列的遗传多样性

由表 2 可知，以 GU261701 作为参考序列进行比较分析，共确定 9 种单倍型，其中单倍行 H3 与参考序列 GU261701 一致。共发现变异位点 21 个，占分析位点的 6.56%，核苷酸位点发生变异主要是转换，未发现缺失。核苷酸多样性和单倍型多态性分别为：0.011 29 ± 0.003 49，0.515 0 ± 0.111 0，说明具有较高的多态性。

表 2　单倍型类型及其变异位点

单倍型	变异位点																					序列数量
	250	305	329	333	334	354	381	386	400	415	435	440	450	453	454	457	474	479	484	491	497	
GU261701	G	G	G	A	G	C	G	A	G	C	G	G	G	G	T	T	T	A	C	T	A	21
H1	.	.	A	G	.	T	A	G	.	T	.	A	A	A	C	.	.	.	T	.	.	2
H2	.	.	A	G	.	T	A	G	A	T	.	A	A	A	C	.	.	.	T	.	.	1
H3	.	.	.	.	.	.	.	.	.	.	.	.	.	.	.	.	.	.	.	.	.	1
H4	.	.	.	.	.	.	.	.	.	.	.	.	.	.	.	C	.	.	.	.	.	1
H5	.	.	.	.	.	.	A	.	.	.	.	.	.	.	.	.	.	.	.	.	.	1
H6	.	.	A	G	.	T	A	G	.	T	.	A	A	A	C	.	A	.	T	.	.	1
H7	.	.	A	G	.	T	A	G	.	T	.	A	A	A	C	.	.	.	T	.	.	1
H8	A	A	.	.	C	.	.	.	.	.	.	.	.	.	.	.	.	.	.	.	.	1
H9	A	.	A	G	.	T	.	.	.	T	A	.	.	.	C	.	.	G	.	.	G	1

本研究中所选的 18 对微卫星位点多态性能够提供足够的遗传信息，适合于群体遗传多态性检测的研究。测定分析结果多态信息含量除 4 个位点属于中度多态位点外，有 14 个位点属于高度多态位点，其平均含量为 0.586 9，说明龙胜凤鸡的保种群中具有较高的遗传多样性；杂合度认为是度量群体遗传变异的一个最适参数，龙胜凤鸡的平均杂合度为 0.649 0，表示采用的保种方法效果明显，有效地保存了群体的遗传变异。

本研究对龙胜凤鸡线粒体 mtDNA D-loop 区序列的检测中，结果是单倍型多态性、核苷酸多样性分别为 0.515 0 ± 0.111 0、0.011 29 ± 0.003 49。说明龙胜凤鸡受外来基因的入侵少，其可能因为龙胜县属少数民族自治县，境内聚居在崇山峻岭之间，与外界接触少，使得饲养的凤鸡一直在比较封闭的环境中生长，减少外来鸡种的侵入，保留了很多纯种的遗传基因，则变异程度较低。

龙胜凤鸡的经过采用家系保种法进行品种保护，保种群微卫星多态信息含量存在丰富的遗传多样性及线粒体 mtDNA D-loop 区的变异程度较低，该方法对鸡群的保种取得良好效果，也为地方品种资源的保护提供参考方法，同时也为该品种的开发利用从分子水平上提供了科学的理论依据。

2013 年自治区质量技术监督局颁布《龙胜凤鸡》地方标准，标准号 DB45/T 915—2013。

六、对品种的评价和展望

用龙胜凤鸡制作的清水鸡（用山泉水加姜丝煮），肉甜汤鲜，一直是到龙胜旅游的游客们喜食的美味。同时，龙胜凤鸡也是制作成白切鸡、水蒸鸡、用于煲汤等烹饪佳肴的好材料。加强对龙胜凤鸡的保种和选育工作。要划定龙胜凤鸡的保种区，对保种区内的养殖户给予一定的补助，并规定保种区内的养殖户不能引进其他品种的鸡。同时，建设好龙胜凤鸡保种场，保护品种资源的遗传多样性，明确选育方向，提高生产性能、群体整齐度。对饲养方式方法、饲料配方等进行研究，并制定相应的饲养标准，扩大生产规模，提高养殖效益。引进或培育龙头企业，采用"公司 + 养殖户"的经营模式，实行标准化养殖，打造特色品牌。

峒中矮鸡

一、一般情况

峒中矮鸡为观赏型地方品种。由于鸡胫长仅 4.2 ~ 4.4 cm，较普通鸡的脚矮，故名矮鸡。这种矮鸡带有常染色体上的矮小基因（adw）。国外又叫班坦鸡（Bantam）。

（一）中心产区及分布

峒中矮鸡产于广西防城港市防城区峒中镇，1976 年从越南引入我国。目前仅在广西防城港市有少量养殖，主要分布区域是峒中镇的板典、坤闵、板兴和峒中等地，其他地区少有养殖。

（二）产区自然生态条件

广西防城港市防城区峒中镇与越南相邻。属丘陵地区，土山丘连绵起伏。属亚热带季风气候，冬短夏长，冬凉夏热，雨量充沛，气候温和。年平均气温 21.8 ~ 22.4 ℃，年降水量 2 182 ~ 3 484 mm，年降雨日 179 d，平均日照 1 561.3 h。主要作物为水稻、玉米、木薯、甘薯、花生和大豆等。

二、品种来源及发展

（一）品种来源

广西防城港市防城区峒中镇地处中越边境，历史上峒中镇一带两国边民走亲访友常有以鸡作为礼物相送。矮脚鸡是峒中镇板典村农民朱秀南于 1976 年，从越南广宁省下居镇亲戚家引进来的。当时带来 1 只小公鸡，2 只小母鸡进行繁殖。由于这种鸡体型矮小，耗料少，脚矮而不善奔跳高飞，且易于饲养管理，羽毛较美观，受到当地群众喜爱，开始少量饲养，这是矮脚鸡能够存在的原因。

峒中矮鸡尚未进行过专门的、系统的选育工作。一直以来都是农家自繁自养，由母鸡孵化种蛋，母鸡带仔，饲喂单一饲料的传统养殖方式。养殖数量多的农家也只有几只至几十只母鸡，农家留为种用的公母鸡对羽毛颜色没有特别讲究，没有对生产性能进行选育，所以，生产性能比较低。饲养户一般是自养自食，肉鸡做"白切鸡"方式食用较普遍，也有做煲汤的，也有节日时走亲戚作为礼品相送的，在集市上销售的很少，由于脚矮，形象不好看，在市场上不太受欢迎。

（二）群体规模

产区现有 200 余只，主要集中在峒中镇兽医站站长家中饲养的鸡群中，成年种公母鸡已经不到 300 只。属于濒危状态。

（三）群体数量的消长

峒中矮鸡呈逐年减少的趋势。主要是以前矮鸡作为商品肉鸡上市还没有得到消费者的认可，售价不高，销量不大，造成农户饲养积极性不高，养殖量越来越少。但近年来，随着各种报道的增多，已有养殖企业介入该品种的养殖，从产区各地收集分散的矮鸡集中饲养，数量有所回升。

三、体型外貌

峒中矮鸡的体型矮小，椭圆形。脚矮、爪直而粗壮。成年公鸡平均体重约 1.8 kg，母鸡约 1.2 kg。

峒中矮鸡单冠直立，红色。耳叶红色。眼睛虹彩棕褐色，喙短直，黄褐色。公鸡体羽黄色，颈羽、背羽、鞍羽浅黄至深黄色，颈羽有镶黄边黑羽，胸腹羽色浅黄色，尾羽和翼羽多呈黑色，有镶浅黄色边黑羽。母鸡体羽呈黄色，有褐花斑或深褐花斑，尾羽和翼羽多呈黑色，或黑羽镶浅黄色边，颈羽有镶黄边黑羽。公母鸡脚胫呈黄色，皮肤浅黄色，肉白至浅黄（图 1）。

四、饲养管理

峒中矮鸡适应性强，粗放，可放牧饲养也可集约化饲养。

五、品种保护与研究利用现状

峒中矮鸡未进行过品种保护和研究开发利用。

图 1　峒中矮鸡

六、对品种的评价和展望

峒中矮鸡带有常染色体上的矮小基因（*adw*），具有观赏和肉用价值，应注意选育羽毛美丽的个体，供应动物园繁殖展出观赏。本品种的羽毛和世界上列入标准品种的 6 种班坦鸡都有所不同。选育出整齐的后代后，可丰富国际上的鸡种资源。也可作为小型肉鸡开发利用。目前群体的数量已经很少，应纳入品种保护和开发利用计划。

地方鸡遗传信息

广西地方鸡品种遗传多样性与保种效果分析评价

一、微卫星标记和线粒体评估群体遗传多样性

采用微卫星标记和 mtDNA 的 D-loop 区分别从常染色体和核外遗传物质两个方面检测广西地方鸡种遗传资源多样性，分析广西地方鸡种群体间及群体内的遗传变异及现存种质资源现状，评估其群体的遗传结构，并探讨广西地方鸡种间及与其他鸡种间的亲缘关系和基因流动，并对这些群体的遗传距离和地理距离进行关联分析，并构建广西地方鸡种遗传多样性数据库。为广西地方鸡种的保护和开发利用提供分子理论依据。同时对近年来广西地方鸡品种保护过程中所选育的各世代种鸡的分子遗传多样性进行分析，评价品种保护成果。

（一）广西地方鸡种的微卫星遗传多样性

微卫星（Microsatellite）是近年来研究品种遗传多样性最常用到的分子标记，由 1 ~ 6 个核苷酸重复组成的简单重复序列，具有数量大，分布广泛，多态性丰富，共显性遗传且遵循遗传规律，检测方便快速等优点。在评估品种的遗传多样性、遗传距离和构建系统发生树中，微卫星是最有价值的分子标记，并且联合国粮食及农业组织（FAO）也将微卫星标记作为研究品种的遗传多样性优先推荐的分析工具。本研究选择 18 对多态性较好的微卫星引物，用 AA 鸡和罗曼鸡作为对照组，对广西地方鸡种进行遗传多样性研究，为下一步品种的遗传育种和资源保护提供参考数据。

如表 1 所示，18 个微卫星标记表现出较高的多态性，在 280 个广西地方鸡种的样品中共检测到 139 个等位基因，各位点平均等位基因为 7.72 个，平均有效等位基因为 3.44。单个位点最多可达 17 个等位基因（MCW0034），

最少为 3 个（MCW0103），有效等位基因变化范围为 1.55 ～ 6.02。期待杂合度（Ho）为 0.363 0（MCW0014）～ 0.842 3（MCW0078），观察杂合度（HE）为 0.356 8（MCW0103）～ 0.838 2（MCW0034）。18 个微卫星标记除了 MCW0103、MCW0098 为中度多态位点外，其他位点均是高度多态位点（当 PIC > 0.5 时，该位点为高度多态性位点；0.25 < PIC < 0.5 时，该位点为中度多态性位点；PIC < 0.25，该位点为低度多态位点），所有微卫星标记在总群的平均 PIC 为 0.623 4。F_{is}，F_{it} 和 F_{st} 值变化范围分别为 –0.327 7（MCW0078）～ 0.270 4（MCW0014），–0.201 6（MCW0078）～ 0.356 7（MCW0183），0.042 6（MCW0103）～ 0.134 5（MCW0098），平均值分别为 –0.049 7，0.044 7，0.088 9。此外，超过半数的位点偏离了遗传平衡检验（HW）。

表 1　18 个微卫星标记的多态性

微卫星	Na	Ne	Ho	H_E	PIC	F- 值			HW
						F_{is}	F_{it}	F_{st}	
MCW0123	13	4.74	0.802 9	0.790 4	0.761 2	–0.123 9	–0.034 3	0.079 7	***
ADL0112	6	2.45	0.660 6	0.593 2	0.510 1	–0.222 4	–0.144 8	0.063 5	*
MCW0014	11	4.02	0.363 0	0.752 6	0.718 5	0.270 4	0.353 9	0.114 4	***
MCW0034	17	6.12	0.770 9	0.838 2	0.821 0	–0.060 3	0.047 9	0.102 0	***
MCW0103	3	1.55	0.400 7	0.356 8	0.294 0	–0.191 1	–0.140 4	0.042 6	**
MCW0295	11	5.83	0.817 9	0.830 1	0.807 2	–0.089 1	–0.016 6	0.066 5	***
MCW0078	6	3.77	0.842 3	0.736 6	0.695 0	–0.327 7	–0.201 6	0.091 6	***
MCW0222	4	2.25	0.409 6	0.556 3	0.508 8	0.141 5	0.230 9	0.104 2	***
MCW0098	4	1.80	0.471 2	0.445 6	0.376 1	–0.118 0	0.032 3	0.134 5	***
MCW0111	7	3.83	0.791 4	0.740 6	0.695 8	–0.143 4	–0.061 5	0.071 7	*
MCW0037	5	2.98	0.640 3	0.666 4	0.595 5	–0.040 8	0.015 9	0.054 5	*
MCW0248	5	2.57	0.526 9	0.611 8	0.532 4	0.059 5	0.182 5	0.130 8	***
LEI0116	7	2.89	0.594 2	0.655 3	0.589 9	–0.077 2	0.031 2	0.100 6	***
ADL0268	7	3.61	0.786 2	0.724 6	0.676 5	–0.234 2	–0.154 7	0.064 4	***
MCW0216	8	2.85	0.582 7	0.650 4	0.623 1	–0.025 8	0.036 0	0.060 2	***
MCW0020	4	3.02	0.596 4	0.670 0	0.602 9	–0.014 5	0.090 2	0.103 3	*
MCW0206	9	3.60	0.649 4	0.724 0	0.684 2	0.018 5	0.114 3	0.097 6	*
MCW0183	12	4.04	0.560 7	0.753 8	0.729 3	0.259 6	0.356 7	0.131 1	***
Mean（SD）	7.72±3.77	3.44±1.24	0.626 0±0.153 3	0.672 0±0.125 7	0.623 4	–0.049 7	0.044 7	0.088 9	

注：Na 表示等位基因，Ne 表示有效等位基因，Ho 表示期待杂合度，HE 表示期待杂合度，PIC 表示多态信息含量，HW 表示遗传平衡检验。

　　6个广西地方鸡种和2个外来鸡种的遗传多样性测定结果见表2。广西地方鸡种的等位基因范围为2 ～ 12，平均等位基因均超过了4.72个，有效等位基因2.86个以上。各鸡种的H_O，HE均超过了0.6，同时也表现出较高的遗传多样性（PIC均大于0.5）。近交系数F_{is}只有在广西麻鸡和霞烟鸡中出现负数，其他4个鸡种为正数。

表2　广西地方鸡种的多态性

品种	等位基因变化范围	MNa	MNe	H_0	H_E	PIC	F_{is}
LS	2 ～ 12	5.67±2.40	3.01±0.86	0.600 9±0.158 2	0.646 7±0.103 6	0.585 7	0.063 2
ND	2 ～ 11	5.94±2.36	2.86±0.80	0.583 1±0.199 3	0.623 0±0.137 5	0.569 2	0.055 3
GX	2 ～ 12	5.44±2.38	2.87±1.07	0.602 5±0.178 5	0.616 1±0.128 7	0.552 2	0.014 1
MA	3 ～ 9	5.33±1.87	3.42±1.30	0.744 4±0.255 5	0.678 1±0.146 4	0.615 4	-0.126 1
TY	2 ～ 8	4.72±1.71	3.03±1.37	0.569 7±0.258 3	0.609 9±0.204 6	0.547 2	0.041 7
XY	2 ～ 9	4.83±1.91	3.01±1.09	0.634 2±0.224 8	0.641 8±0.142 4	0.572 2	-0.013 9
平均		7.44±3.68	3.31±1.32	0.609 8±0.162 3	0.660 7±0.130 4	0.611 9	0.005 7
AA	2 ～ 6	4.44±1.46	3.03±0.99	0.707 6±0.225 8	0.641 1±0.159 6	0.573 5	-0.130 7
RM	2 ～ 5	3.27±1.02	2.41±0.76	0.736 7±0.264 1	0.564 5±0.128 4	0.476 6	-0.339 1
全部平均		7.72±3.77	3.44±1.24	0.626 0±0.153 3	0.672 0±0.125 7	0.623 4	-0.049 7

　　根据微卫星基因型结果，用GENPOP软件进行计算广西地方鸡种的Nei's遗传距离，结果如表3所示。由表3可知，AA鸡和罗曼鸡跟广西地方鸡种的遗传距离相距比较大，三黄鸡和霞烟鸡的遗传距离最小，为0.088 8；南丹瑶鸡和罗曼鸡的遗传距离最大0.422 1。

　　根据遗传距离用UPGMA方法进行构建系统发生树，见图1。三黄鸡和霞烟鸡首先聚类在一起，再与广西麻鸡聚类；南丹瑶鸡和广西乌鸡聚为另一类；最后龙胜凤鸡单独聚为一类；而 AA 鸡和罗曼鸡远离广西地方鸡种。该聚类结果与这些品种所处的地理位置、主要生产方向及已知的鸡种形成历史相吻合，说明所选择的 18 个微卫星座点基本上能够正确反映广西地方鸡种群体内的遗传多样性及遗传变异。

表3　广西地方鸡种及 2 个外来品种的 Nei's 遗传距离

品种	LS	ND	GX	AA	RM	MA	TY	XY
LS								
ND	0.135 0							
GX	0.128 0	0.098 1						
AA	0.293 4	0.257 2	0.159 1					
RM	0.420 5	0.422 1	0.322 4	0.249 8				
MA	0.127 6	0.118 4	0.125 6	0.221 5	0.307 7			
TY	0.142 7	0.128 1	0.124 6	0.235 7	0.345 2	0.105 7		
XY	0.150 3	0.122 2	0.134 2	0.204 2	0.292 9	0.103 5	0.088 8	

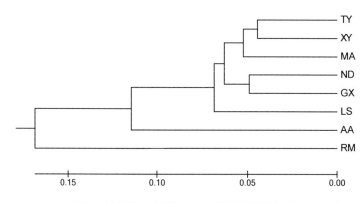

图 1　广西地方鸡种与外来鸡种的聚类分析

根据基因型结果，用 STRUCTRE 软件进行广西地方鸡种的遗传结构分析，结果见图 2（K2 ~ K6）。当 K=2 时，结构图结果与分子聚类结果类似，分为两大分支；当 K=3 时，麻鸡，三黄和霞烟又可单独分离出来。根据 Evanno 方法计算，最佳 K 值为 3。

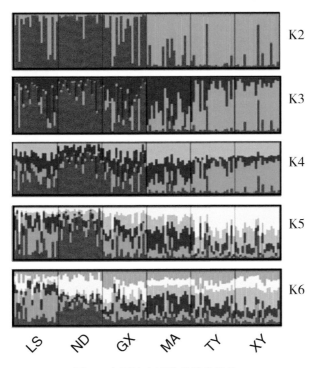

图 2　广西地方鸡种的遗传结构

（二）广西地方鸡种的线粒体遗传多样性

线粒体（mtDNA）是细胞中重要的细胞器之一，能够自我复制，严格遵循母系遗传，在传递过程中不会发生重组，与核基因无共同序列，进化速度快及碱基替换率低等特点，可从母系起源上确定品种间的遗传关系。而 D-loop 区是 mtDNA 基因组的控制区，进化速率比其他区域高 5 ~ 10 倍，是一个高度变异性的非编码区，该区域通常作为群体进行遗传分化研究的分子标记。

本研究采用 PCR 直接测序方法对广西地方鸡种的线粒体 mtDNA D-loop 区进行遗传多样性研究。在 185 个样本中共确定 38 种单倍型，发现变异位点 40 个（只有转换，无缺失和插入）。在 38 种单倍型种，H1（13），H2（30），H3（12），H4（67）为优势单倍型；广西乌鸡共有 8 种特有单倍型（H5，H6，H8，H9，H10，H11，H12，H13），龙胜凤鸡和三黄鸡各有 6 种特有单倍型（H16，H17，H18，H19，H20，H21；H14，H30，H31，H32，H33，H34），南丹瑶鸡有 5 种（H26，H35，H36，H37，H38），霞烟鸡有 3 种（H27，H28，H29），而广西麻鸡只有 2 种（H23，H24）（表 4）。

表 4　广西地方鸡种 mtDNA D-loop 区单倍型及其变异位点

单体型	核苷酸
	2 3 3 3 3 3 3 3 3 3 3 3 3 4 4 4 4 4 4 4 4 4 4 4 4 4 4 4 4 4 4 4 4 4 4 4 4 4 4 4 4 5 5 5
	5 0 2 3 3 4 4 5 6 8 8 8 9 0 1 2 3 3 3 4 5 5 5 5 5 6 7 7 7 7 7 8 8 9 9 9 9 9 0 0 0
	0 5 9 3 4 1 2 4 6 1 6 8 0 0 5 0 1 5 7 0 0 1 3 4 7 4 1 4 5 7 9 4 9 1 7 8 9 1 2 3
H3（C1）	G G G A G A A C G G A G A G C A G G T G G G G T T G G T G G A C T A A G A T G G
H1	. . A G . . . T . G . . T . . . A . . A C . . A . . . .
H2	A . A G . . T . . . . T . . A . . . . . C . . . . G . . . .
H4	. . A G . . . T . A G . . . . A A . A C . . . . T . . . .
H5	A . A G . . . T A . . T . . A . . . . C . . . C . . G . . . .
H6	A . A G . . . T . . . T . . A . . . . C . . . . G C
H7	A . A G . . . T . . . T . . A . . . . C . . . .
H8	A . A G . . . T A . . T . . A . . . . C . . . C . . G C
H9	. . A G . . . T . A G . . . . A A . A C . . . . T C
H10	A . A G . . . T . . . T . . A . . . . C . . . G . . G . . . C . . . .
H11	. . A G . . . T . G . . T . . . A . . A C . . A C
H12	A . A G . . . T . . . T . . A . . . . C . . . . . . G C
H13	 C
H14（B2）	. . A G . . . T . A G . . . . T . . A . A C . . . .
H15	. . . . . . T . . . . T . . A . . . .
H16	. . A G . . . T . A G . . A T . . A A . A C . . . .
H17	. . . . C . . . .
H18	. . . . . . A . . . .
H19	. . A G . . . T . A G . . T . . . A A . A C . . . . . A . . T . . . .
H20	. . A G . . . T . A G . . T . . . A A . A C . . . . . T . C . . . .
H21	. A . . C . . . .
H22	A . A G . . . T . . . T . . A . . . . C . . . . . . G . . G . . . .
H23	. . A G . . . T . A G . . . . A A A A C A . . . A . T . . . T . . . .
H24	. . A G . . . T . . . . . . A . . A C C A . . . .
H25	. . A G . . . T . A G A . . . . A A . A C . . . .
H26	. . A G . . . T . A G . . T T . . . A A . A C . . . . T . . . .
H27	. . A G . G . T . A G . . . . A A . A C . . . . T . . . .
H28	A . A G . G T . . . . T . . A . . . . C . . . . . G . . . .
H29	A . A G . . . T . . . T A A . . . C . . . . . G . . . .
H30	. . A G . . . T . A G . T . T . . C A A . A C . . . .
H31	. . A G . . . T . A G . . G . . T . . A . A C . A . . . . A . . . . . .
H32	. . A G . . . T . A G . . . . A A . A C . . . . T . . T . . . .
H33	. A A G . . . T . A G . . . . A A . A C . . . . T . . . . A . . . . . .
H34	. . A G . . . T . A G . . . . A A . A C . . . . T . . . A . . . .
H35	. . A G . . . T . A G A . . T T . . A A . A C . . . . A . T . .
H36	. . A G . . . T . A G . . . . A A . A C . . . . T . . . . . G A A . . .
H37	. . A G . . . T . G . . T . . A . . A C C . A . . . .
H38	. . A G . . . T . A G . . . T . . A A . A C . . . . T C . . . .

广西地方鸡种 mtDNA D-loop 区的遗传多样性见表 5。核苷酸多样性从 0.011 3（LS）~ 0.019 7（ND），单倍型多态性从 0.515 0（LS）~ 0.908 0（ND）。每个品种的变异位点均在 19 个以上，最高可达 25 个。除了龙胜凤鸡只分布在 3 个单倍群中，其他鸡种均分布在 4 个单倍群中；每个群体均出现单倍型 8 种以上。

表 5　广西地方鸡种 mtDNA 的遗传多样性

品种	数量	核苷酸多样性	单倍群（数量）	单倍型	单倍型多样性	变异位点	Tajima'sD
LS	30	0.011 29±0.003 49	B（25）；C（4）；E（1）	9（B=4；C=4；E=1）	0.515 0±0.111 0	21	-1.123 63
ND	28	0.018 14±0.002 56	A（1）；B（19）；C（3）；E（6）	10（A=1；B=6；C=1；E=2）	0.800 0±0.063 0	25	-0.326 53
GX	40	0.018 51±0.001 48	A（9）；B（4）；C（5）；E（22）	14（A=2；B=2；C=3；E=7）	0.908 0±0.025 0	20	0.846 32
TY	28	0.011 83±0.002 84	A（2）；B（23）；C（2）；E（2）	11（A=2；B=6；C=1；E=2）	0.796 0±0.063 0	20	-0.908 62
MA	29	0.014 89±0.002 80	A（4）；B（18）；C（2）；E（4）	8（A=2；B=3；C=1；E=2）	0.664 0±0.002 8	23	-0.702 07
XY	29	0.016 04±0.002 21	A（3）；B（5）；C（3）；E（18）	10（A=1；B=2；C=2；E=5）	0.808 0±0.064 0	19	0.201 98
合计	185	0.018 99±0.000 74	A（19）；B（94）；C（19）；E（53）	38（A=5；B=17；C=6；E=10）	0.833 0±0.022 0	43	-0.542 67

根据苗永旺（2013）的研究结果，参考前人的参考序列，将本研究发现的单倍型构建网络结构图谱（图 3）。结果表明。广西地方鸡种共有 4 个母源血统，其中单倍群 E 是国外商业品种血统，说明了广西地方鸡种已经受到外来品种的侵入。

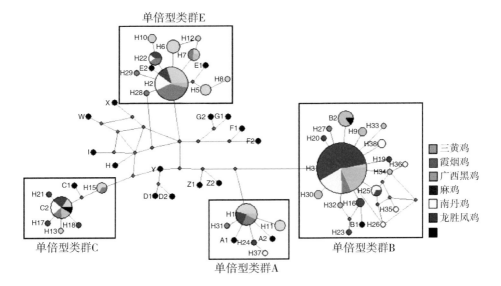

图 3　广西地方鸡种的网络结构

二、遗传资源角度评估广西三黄鸡的保种效果

广西三黄鸡是我国著名的地方品种之一，传统产区为桂平麻垌与江口、平南大安、岑溪糯洞、贺州信都；经选育繁殖的三黄鸡主要在玉林市、北流市、容县、岑溪市等。受当地的文化和传统的消费习惯影响，在数百年的形成过程中，当地居民从饲养的鸡群中选择体型中等、胫短、黄羽、黄脚、黄喙、黄肤等以黄为特征的个体留种，并通过在一定范围内的交流，分布区域扩大，使其在广西的大部分交通发达地区及广东的部分地区都有分布并影响了其他品种的形成，因此广西三黄鸡是我国所有品种中适合消费区域最为广泛的品种。根据市场的需求，广西家禽养殖公司以三黄鸡为素材，以不同的培育方式相继培育出古典三黄鸡、金陵黄鸡、桂凤 1 号黄鸡、参皇鸡、祝氏鸡等品系。

本研究用 18 对微卫星做点对广西三黄鸡不同品系进行保种评估，结果如表 6 所示，18 个微卫星标记均表现出较高的多态性。在所检测的群体中共检测到 144 个等位基因，各群体平均等位基因数为（8±3.43）个，平均有效等位基因为（3.59±1.30）。单个位点最多可达 16 个等位基因（MCW0034），最少的为 3 个（MCW0103）；而有效等位基因数为 1.66（MCW0098）~ 5.91（MCW0034）不等。18 个微卫星位点的观察杂合度从 0.247 8(MCW0222)~ 0.775 6(MCW0111)不等，均值为（0.560 5±0.167 3）；期望杂合度从 0.399 8（MCW0098）~ 0.832 2（MCW0034）不等，均值为（0.679 8±0.132 9）。观察杂合度均值低于期望杂合度均值。

群体总近交系数为 0.106 6，群体内近交系数为 0.056 5，群体间基因分化系数为 0.053 1，说明 5.65% 的遗传变异来自群体间，94.35% 的遗传变异来自群体内个体间的差异；多肽信息含量（PIC）最高的位点是 MCW0034（0.813 0），最低的是 MCW0103 位点（0.349 7），均值为 0.641 3。18 个微卫星标记除了 MCW0103、MCW0098 和 MCW0216 为中度多态位点外，其他位点均是高度多肽位点（当 PIC < 0.25，该位点为低度多肽位点；0.25 < PIC < 0.5 时，该位点为中度多肽性位点；PIC > 0.5 时，该位点为高度多肽性位点）（表 6）。

表6　广西三黄鸡群中18个微卫星标记的多态性

微卫星	等位基因		H_O	H_E	F-统计分析			PIC
	总群	有效			F_{is}	F_{it}	F_{st}	
MCW0123	13	4.42	0.739 5	0.774 8	0.024 5	0.044 9	0.021 0	0.786 4
ADL0112	6	3.54	0.546 3	0.719 0	0.054 3	0.243 4	0.199 9	0.674 2
MCW0014	9	3.36	0.267 7	0.704 3	0.589 3	0.610 5	0.051 7	0.678 1
MCW0034	16	5.91	0.612 9	0.832 2	0.170 0	0.271 8	0.122 6	0.813 0
MCW0103	3	1.78	0.335 5	0.437 7	0.218 5	0.230 5	0.015 4	0.349 7
MCW0295	10	4.99	0.735 7	0.801 1	0.001 7	0.088 2	0.088 6	0.776 3
MCW0078	6	2.64	0.717 0	0.622 3	−0.162 5	−0.148 2	0.012 3	0.557 6
MCW0222	7	2.50	0.274 8	0.601 1	0.411 1	0.560 2	0.253 1	0.531 0
MCW0098	5	1.66	0.313 1	0.399 8	0.154 5	0.205 7	0.060 0	0.372 8
MCW0111	9	4.51	0.775 6	0.779 5	−0.038 6	0.003 6	0.040 6	0.746 0
MCW0037	6	4.54	0.656 1	0.781 1	0.078 7	0.157 4	0.085 4	0.746 1
MCW0248	5	3.09	0.619 8	0.677 1	−0.007 0	0.078 4	0.084 8	0.619 6
LEI0116	7	2.69	0.576 4	0.628 7	0.063 7	0.076 8	0.014 0	0.555 1
ADL0268	7	4.33	0.663 5	0.770 5	0.083 2	0.138 6	0.060 2	0.741 3
MCW0216	7	1.89	0.410 8	0.471 4	0.115 4	0.134 6	0.021 7	0.445 1
MCW0020	5	4.32	0.606 5	0.769 8	0.189 2	0.214 1	0.030 7	0.729 9
MCW0206	9	5.63	0.669 9	0.823 8	0.116 4	0.181 4	0.073 6	0.801 3
MCW0183	14	2.77	0.357 8	0.640 3	0.068 2	0.102 4	0.036 7	0.620 6
Mean±SD	8±3.43	3.59±1.30	0.560 5±0.167 3	0.679 8±0.132 9	0.110 5	0.175 0	0.072 5	0.641 3

通过以上实验结果可知，广西地方鸡种具有丰富的遗传多样性，并且保种效果良好，能够保持原始品种的特性及丰富的遗传多样性，但是也有一点不可忽视的，即广西地方鸡种受到外来品种的入侵，需要进一步对广西地方鸡种进行提纯。总之，广西地方鸡种的遗产多样性比较丰富，加上其肉质优良，适应性强等优点，在做品种选育的同时，应当注重做好保种工作，在今后可向不同方向培育高度化的品系。同时，本研究结果也表明，广西地方鸡种还需进一步

进行纯种培育，应根据各品种受威胁的程度进行必要的保种，在不丧失濒危鸡种的遗传特性的前提下扩大群体的规模，保护其遗传多样性，为以后的育种工作提供宝贵的素材。

培育鸡品种

良 凤 花 鸡

一、一般情况

（一）品种（配套系）名称

良凤花鸡：肉用型配套系。由 M_1 系（母本）、M_2 系（父本）组成的二系配套系。

（二）培育单位、培育年份、审定单位和审定时间

培育单位：南宁市良凤农牧有限责任公司；培育年份：1987—2008 年；2004 年通过广西壮族自治区级审定，2008 年 6 月通过国家畜禽遗传资源委员会审定，2009 年 3 月农业部公告第 1180 号确定为新品种配套系，证书编号：（农 09）新品种证字第 23 号，是广西第 1 个经国家审定通过的畜禽新品种配套系。

（三）产地与分布

种苗产地在广西壮族自治区南宁市，配套系商品代肉鸡销售地分布在广西、湖南、湖北、江西、浙江、福建、安徽、广东、海南、贵州、云南、四川、陕西、山西、宁夏、甘肃、新疆等 20 个省区，同时还受到东盟国家客户的青睐，越南已引进良凤花鸡父母代种鸡。

二、培育品种（配套系）概况

（一）体型外貌

1. 父母代鸡外貌特征

（1）M_1 系

公鸡体型中等偏大，胸、腿肌发达，胸宽背平。羽毛光亮，胸、腹及腿羽黄麻色，背羽、鞍羽、覆翼羽多为酱红色，颈羽偏金黄色，尾羽多为黑色。单

冠直立，冠齿 6 ~ 8 个，冠、耳叶及肉髯鲜红色，成年公鸡胫长 9 cm，喙、胫色为黄色。

母鸡体躯紧凑，腹部宽大，柔软，头部清秀，脚高中等。羽色黄麻，尾羽多为黑色羽。单冠鲜红，冠齿 6 ~ 8 个，耳叶及肉髯鲜红色，胫长 7.5 cm，喙、胫色为黄色。

（2）M_2 系

公鸡体型健壮，体躯硕大敦实，头部粗大高昂，冠叶粗厚挺立，胸宽挺，背平，胸、腿肌浑圆发达，脚粗直。羽毛鲜亮，胸、腹及腿羽为黄麻羽和麻黑羽，鞍羽、背羽、覆翼羽多为酱红色，主翼羽和尾羽为黑色。成年公鸡胫长 9.7 cm，喙、胫色为黄色。

母鸡体型相比 M_1 系母鸡稍大，羽色为黄麻羽，单冠鲜红，冠齿 6 ~ 8 个，耳叶及肉髯鲜红色，胫长 7.94 cm，喙、胫色为黄色。

2. 商品代鸡外貌特征

公鸡体型健壮，胸宽背平，背羽、鞍羽、翅膀覆翼羽为酱红色，颈羽偏金黄色，主翼羽和尾羽为黑色，胸、腹及腿羽为黄麻羽，尾羽微翘，冠面大而直立，色泽鲜红；母鸡体躯紧凑，头部清秀，脚高中等，羽色为黄麻羽，尾羽多为黑色羽，单冠鲜红，冠齿 6 ~ 8 个，耳叶及肉髯鲜红色，喙、胫色为黄色。

（二）体尺体重

成年父母代鸡体重体尺见表 1。

表 1　父母代鸡（300 日龄）体重体尺测定（n=100）

性别	体重（g）	体斜长（cm）	胸宽（cm）	胸深（cm）	龙骨长（cm）	骨盆宽（cm）	胫长（cm）
公	4 320.0±280.0	26.3±1.3	9.8±0.6	12.1±0.9	19.5±0.8	10.2±0.9	9.7±0.6
母	2 710.0±230.1	22.1±1.0	8.1±0.6	10.7±0.7	16.2±0.6	8.6±0.6	7.9±0.8

（三）生产性能

1. 父母代种鸡生产性能

父母代种鸡主要生产性能见表 2。

表2 父母代种鸡主要生产性能

项目	公司测定性能	农业农村部家禽品质监督检验测试中心测定性能（平均数）
开产体重（g）	2 200 ~ 2 300	2 300.5
5% 产蛋率平均日龄（d）	163	162
44 周龄平均蛋重（g）	58.30	58.45
80% 产蛋高峰平均周龄	29	29
25 ~ 66 周龄平均饲养日产蛋率（%）	61.67	63.06
饲养日平均产蛋量（个）	184.00	185.39
全期种蛋合格率（%）	91 ~ 92	91.83
0 ~ 24 周龄成活率（%）	96 ~ 98	98.81
产蛋期成活率（%）	92 ~ 94	94.00
平均种蛋受精率（%）	95.30	97.17
受精蛋孵化率（%）	91 ~ 92	91.74
入孵蛋孵化率（%）	85 ~ 87	89.14

2. 商品代肉鸡生产性能

商品代肉鸡生产性能见表3。

表3 商品代鸡生产性能

周龄	性别	平均体重（g）	饲料转化比
出生重	公	40.80±2.40	—
	母	40.58±2.49	—
	平均	40.69±2.94	—
7 周龄	公	1 635.20±115.60	—
	母	1 260.60±77.80	—
	平均	1 447.90±234.73	—
10 周龄	公	2 431.10±229.40	2.22
	母	1 680.30±118.13	2.62
	平均	2 055.10±347.40	2.42

（四）屠宰性能和肉质性能

70 日龄良凤花鸡商品代肉鸡公母鸡，屠宰测定及肉质检测结果见表4。

表4 商品代屠宰测定及肉质测定结果（n=20）

项目	公鸡	母鸡	平均
宰前体重（g）	2 407.30±202.33	1 660.60±92.13	2 033.95±297.39
屠宰率（%）	91.72±0.93	91.03±1.37	91.38±1.86
半净膛率（%）	84.05±1.43	83.67±1.06	83.86±1.55
全净膛率（%）	65.60±1.52	66.01±1.46	65.81±1.95
腹脂率（%）	3.11±1.00	4.14±1.15	3.63±1.96
胸肌率（%）	20.08±2.35	19.72±1.88	19.90±2.96
腿肌率（%）	24.44±0.49	23.58±1.72	24.01±2.03

经广西壮族自治区分析测试研究中心检测，良凤花鸡商品代各营养成分比例见表5。

表5　70日龄良凤花鸡商品代各营养成分比例

成分	公鸡	母鸡	平均
水分（%）	70.80	69.30	70.05
胸肌氨基酸（%）	20.56	20.87	20.72
肌苷酸（mg/kg）	2 550	3 240	2 895
总脂肪（%）	8.01	8.46	8.24
肌间脂肪（%）	1.56	1.90	1.73

（五）营养需要

良凤花鸡配套系父母代种鸡营养需要见表6，商品代肉鸡营养需要见表7。

表6　种鸡营养需要

项目		代谢能≥（kJ/kg）	粗蛋白≥（%）	赖氨酸≥（%）	蛋氨酸≥（%）	钙（%）	总磷（%）
育雏期	小鸡料	12 139.4	20.50	1.10	0.60	1.00	0.55
	中鸡料	12 139.4	18.00	0.90	0.50	1.00	0.55
育成期	后备料	10 883.6	16.00	0.80	0.40	1.00	0.55
产蛋期	种鸡料	11 092.9	16.00	0.83	0.40	3.50	0.55

表7　商品代肉鸡营养需要

项目	代谢能≥（kJ/kg）	粗蛋白质≥（%）	赖氨酸≥（%）	蛋氨酸≥（%）	钙（%）	总磷（%）
小鸡料	12 139.4	21.00	1.10	0.60	1.00	0.55
肉鸡料	12 139.4	19.00	0.90	0.50	1.00	0.55

三、培育技术工作情况

（一）培育技术路线

育种素材的收集→专门化品系培育→品系杂交组合试验及配套模式的选定→新品种的推广应用。

（二）育种素材及来源

用上海新杨种畜场引进的白羽肉用鸡品种海波罗和星波罗与当地的广西三黄鸡交配，收集所产的种蛋孵出的鸡苗中出现有色羽的个体，通过专门化品系选育方法进行育种，形成了 M_1、M_2 两个麻羽品系。

（三）配套系模式

在实际生产中采用的是二系配套生产，即以 M_2 系为父本和 M_1 系为母本进行杂交配套生产商品代。

通过杂交和配合力测定，同时结合市场对商品代早期速度、体型外貌特征的要求，最终选定以下模式进行中试应用。

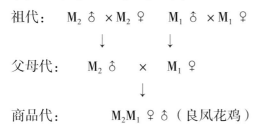

（四）培育过程

培育单位于1979—1980年从上海新杨种畜场引进白羽肉用鸡品种海波罗和星波罗，1980—1982年把种鸡放到南宁市郊区农户进行饲养，当地广西三黄鸡公鸡混入鸡群与放种的母鸡交配，后代出现体型较小的有色羽个体，这些个体比白羽鸡更受顾客欢迎。1987年根据市场要求进行定向选育，优选出45只羽色相对整齐的黄麻羽公鸡和350只母鸡进行封闭繁殖，采用了以生长速度和羽色为主的高强度选育，到1988年组成了4 500只种鸡基础群，1990年育成种鸡增加到12 000只。在随后的世代繁育过程中，根据市场需要，淘汰了黄、黑、白、灰、芦花羽色，保留黄麻羽个体。2001年建立家系，按育种目标进行专门化品系培育，现在已经形成了M_1、M_2两个麻羽品系。2004年始进行杂交配套和中间试验。

1. 基本选育程序

（1）初生时的选择

主要选择背部有两条黑色或棕色绒羽带，腹部黄色和灰色，俗称蛙背的个体。

（2）30日龄及8周龄的选育

30日主要通过羽色及手感初选，淘汰个体较小的、羽色、胫色不合格的个体，转到育成舍饲养，8周龄以前不限食，8周龄时全部个体称重，选留低于平均重10%以上的个体，8周龄后开始进行限制饲养。

（3）22周龄的选择

22周龄全部要转上种鸡单笼，再对羽色进行1次选择，淘汰羽色不符合要求、太瘦，不达开产体重的个体。

（4）组建新世代家系（母系）

根据各品系的产蛋性能进行选种，首先根据各家系的平均产蛋性能进行家系选择，选留高于产蛋平均性能的家系，再根据与配公鸡的遗传性能，确定留种家系。同时结合选留家系后代的数量进行选留，家系中产蛋性能不好的个体淘汰。选留家系中优秀个体的后代作为组建新世代核心群成员，在避免全同胞、半同胞的情况下，采用随机交配，组建新家系。

2. 选育方法

（1）M₁系的选育

2001年从初步鉴定的良凤花鸡群体12 000只种鸡中选出羽色为麻色、麻黄色，体型较好的40只公鸡和400只母鸡组成核心群，每只公鸡配10只母鸡，采用单笼饲养，人工授精，每4天输精1次。每个家系的母鸡分别收集种蛋，系谱孵化，记录受精蛋、死胚蛋、落盘数等情况，出雏后每只雏鸡都戴上翅号，并按翅号进行登记，明确其血缘关系。根据30日龄和8周龄体重、300日龄产蛋量、蛋重、受精率及孵化率等性状的记录，选出最优秀的16个家系。选留的16个家系中淘汰个别成绩较差的个体，再从落选的24个家系中选出少数性能优秀的个体组成新1代的核心群，再以60只公鸡每只配10只母鸡，在避免全同胞、半同胞的情况下，采取随机交配，组成新的60个家系，展开下1个世代的选种。在留种及选种过程要求公鸡的留种率为15%以内，母鸡的留种率为40%以内。在继代选育的过程中，用测交法和系谱孵化等手段剔除品系中含有隐性白羽基因等遗传变异的个体。

（2）M₂系的选育

具体的选种程序是各个世代的繁殖后代饲养到7周龄，首先进行羽毛的选种（30日龄），淘汰不合格个体后，在群体中选择鸡冠直厚、面积较大，性发育明显的个体进入选种群，进行生长速度的选种。全群个体称重并排序，公鸡从大到小按85%～98%的体重区间留种。22周龄上种鸡笼时，首先鉴定全部个体的生长发育和健康状况，淘汰不合格个体，然后进行体型（主要是胸肌、腿肌及胸腹的容积）和其他性状的鉴定，确定最终进入单笼测定的个体。在选种过程中，适当照顾优秀家系中选留数量，以保证群体的血统，防止近交现象的发生。繁殖性能的选择以公鸡的采精量和精子活力为标准，通过检查家系，选择不同家系中精液质量较好的个体参加继代繁殖。母鸡的选种除兼顾家系繁殖性能外，同时检查个体的蛋型和蛋重，提高种蛋合格率是选育目标之一。

（五）群体结构

配套系审定时良凤花鸡核心群种鸡存栏8 200只，祖代母系存栏2.5万套，父系种鸡存栏5 000套。父母代种鸡存栏20万套，以合作方式在西北放养种鸡10万套。现鸡苗产销量约3 000万只/年，至2019年年底累计销售商品代鸡苗约1.65亿只。

（六）饲养管理

1. 饲养方式

有平养、放养、棚养方式，以平养为主。商品代肉鸡饲养密度见表8。

表8 商品代肉鸡饲养密度

日龄	平养（只/m²）	放养（只/m²）	棚养（只/m²）
0 ~ 30	25	30	25
31 ~ 60	12	23	16

2. 器具

育雏期喂料和饮水用料槽或料桶和真空式饮水器，一般每只鸡需5 cm料位或30 ~ 50只/料桶（口径30 ~ 50 cm），40只/饮水器；30 d后每只鸡占料位12 ~ 13 cm或15只/料桶，20只/水桶。

3. 育雏期（1 ~ 28日龄）的管理

（1）雏鸡各周龄的适宜温度

雏鸡各周龄的适宜温度参考见表9。

表9 育雏温度参考

日龄	育雏器温度（℃）	室温（℃）
1 ~ 3	35	24
4 ~ 7	35 ~ 33	24
14	32 ~ 29	24 ~ 21
21	29 ~ 27	21 ~ 18
28	27 ~ 25	18 ~ 16

（2）饮水与开食

刚接的雏鸡应先供给清洁的饮水，水中可加 3% ~ 5% 的红糖、复合多维、预防量的抗生素等，8 h 后开始喂料开食。

（3）喂料

1 ~ 10 日龄喂 6 ~ 8 次 /d，11 ~ 20 日龄喂 4 ~ 6 次 /d，21 ~ 35 日龄 3 ~ 4 次 /d。

（4）观察鸡群

每天早上首先要看鸡群分布是否均匀，温度是否适合，鸡群是否有问题，经观察鸡群正常后才开始饲喂。

（5）湿度

育雏前 10 d 鸡舍内的湿度 60% ~ 65%，以后为 55% ~ 60%。在烧煤炉保温时舍内湿度一般不足，容易引发呼吸道问题，此时要在煤炉上放 1 桶或 1 盆水，利用煤炉的热量蒸发出水蒸气而提高鸡舍的湿度。

（6）通风换气

换气以保证鸡群温度为前提，人进入鸡舍内不感到沉闷和不刺激眼鼻。舍内氨气浓度在 25 g/m³ 以下。

（7）光照

光照 1 ~ 3 d 每天 24 h，4 d 后每天光照 23 h，黑暗 1 h。

（8）换料

29 d 开始换肉鸡料，换料过渡 3 d，即 1/3、2/3、3/3 比例拌料过渡。

4. 育肥期（29 ~ 65 日龄）的饲养管理

育肥期鸡生长较快，应由小鸡料改换成肉鸡料，少喂多餐，晚上要补喂 1 餐，以供给充足的营养，要保证足够的料位和饮水。

该阶段鸡代谢旺盛，垫料易潮湿和块结，应经常更换垫料，保持鸡舍空气清新，防止暴发球虫病和其他呼吸道疾病。

5. 疾病防治

防疫：严格按免疫程序做好各种疾病的防治工作（免疫程序参考表 10）；针对性做好各种细菌性疾病的药物预防。活疫苗要求在 45 min 内接种完，不能用含消毒药的水做饮水免疫；饮水免疫前要把水箱、水管、饮水器等彻底洗净，鸡群断水 1 ~ 2 h。此外，每天做好鸡舍内外环境卫生工作，清洗饮水器具；定期清理鸡粪，保证鸡粪或垫料干燥；对病死鸡进行焚烧、深埋等无害化处理。

表 10　免疫程序推荐

日龄	疫苗	接种方式
1	马立克	皮下注射
	新支二联苗	滴眼滴鼻
5	POX 小鸡痘苗	刺种
7 ~ 10	ND. IBV 二联苗	滴眼滴鼻
	ND. IBV. ILT 油苗	皮下注射
12 ~ 14	IBD	饮水
25	ND（lasota）	滴眼滴鼻
45	II 系或 lasota	滴眼滴鼻

（七）培育单位概况

南宁市良凤农牧有限责任公司是一家具有自主研发能力，集研、产、销为一体的科技型家禽养殖企业，创立于 1974 年，前身为南宁市国营养鸡场，位于广西南宁市郊良凤江畔，占地面积 226 000 ㎡。公司育种中心占地 80 多亩，拥有鸡舍 36 栋，建筑面积 18 840 ㎡，其中育雏舍 1 130 ㎡，育成舍 5 635 ㎡，种鸡舍 12 074 ㎡，育种中心孵化场 1 369 ㎡，小鸡笼位有 42 880 个，后备鸡笼位有 45 000 个，种鸡笼位有 66 000 个，其中单笼有 6 900 个，测定鸡舍 250 ㎡，祖代孵化场配备了 24 台依爱牌 192 型孵化机。父母代种鸡场有 70 000 个种鸡笼位。公司兽医室可进行常规的抗体监测和疫病诊断。现育种中心在使用和贮备的品系达 20 多个，分别为快大麻羽系列、快大黄羽系列、快大青脚鸡和乌鸡系列、矮脚型系列和优质型系列。

公司已通过广西无公害农产品产地认证和 ISO9001:2000 质量管理体系认证，是广西重点种禽场、广西健康种禽场。现有员工 250 多人，其中科研、生产、推广服务方面各类专业技术人员 40 人，专业技术人员中具有高级职称 4 人，在育种中心专门从事鸡品种培育与开发的大专以上技术人员有 12 人。育种中心及父母代种鸡场生产人员 100 多人。

四、推广应用情况

良凤花鸡1990年开始投放市场试销，当年约销售商品苗50万只，至2007年年底累计销售商品代鸡苗约1.65亿只。商品代鸡苗畅销广西近100个县市及远销华南、华中、西南、西北、东北等十余个省区，同时还受到越南等东盟国家客户的青睐。

五、对品种（配套系）的评价和展望

良凤花鸡的成功主要是培育方向紧贴市场的走向，不断调整育种目标并进行改良，采取边培育边推广的办法不断把产品推向市场，由市场来检验产品的可靠性和适用性，再综合市场反馈回来的信息，运用现代遗传育种技术不断地进行改良，使之不断适合市场的需要，市场范围在不断扩大，父母代和商品代出现了供不应求的局面，急需进一步扩大种鸡饲养规模，同时还要针对市场的要求不断地进行改良，目前良凤花鸡的市场还在不断地扩大，说明良凤花鸡的发展前景十分广阔（图1）。

图1　良凤花鸡配套系商品鸡

金陵麻鸡

一、一般情况

（一）品种（配套系）名称

金陵麻鸡：肉用型配套系。由 M 系、A 系、R 系组成三系配套系。

（二）培育单位、培育年份、审定单位和审定时间

培育单位：广西金陵农牧集团有限公司（原广西金陵养殖有限公司）；培育年份：1989—2006 年；2006 年 4 月通过广西壮族自治区水产畜牧兽医局（以下简称广西水产畜牧兽医局）审定，2009 年 6 月通过国家畜禽遗传资源委员会审定，10 月农业部公告第 1278 号确定为新品种配套系，证书编号（农 09）新品种证字第 31 号。

（三）产地与分布

种苗产地在南宁市西乡塘区金陵镇。父母代、商品代除在广西区内销售外，还远销到云南、贵州、四川、重庆、湖南、河南、浙江等地。

二、培育品种（配套系）概况

（一）体型外貌

M 系公鸡颈羽红黄色，尾羽黑色有金属光泽，主翼羽黑色，背羽、鞍羽深黄色，腹羽黄色杂有麻黑；体型中等，方形、身短，胸宽背阔；冠、肉垂、耳叶鲜红色，冠高，冠齿 5 ~ 9 个，喙青色或褐色；胫、趾青色，胫粗、稍短；皮肤白色。

A 系公鸡颈羽红黄色，尾羽黑色有金属光泽，主翼羽黑色，背羽、鞍羽深黄色，腹羽黄色杂有麻黑色；体型长方形、较长，胸宽背阔；冠、肉垂、耳叶

鲜红色，冠高，冠齿 5 ~ 9 个，喙青色或褐色；胫、趾青色，胫较粗、短；皮肤白色。

R 系母鸡全身白羽；体型较大，方形；冠、肉垂、耳叶鲜红色，冠高、直立，冠齿 5 ~ 8 个；喙黄色；胫、趾黄色；皮肤黄色。

商品代公鸡颈羽红黄色，尾羽黑色有金属光泽，主翼羽黑色，背羽、鞍羽深黄色，腹羽黄色杂有黑点；体型方形，胸宽背阔；冠、肉垂、耳叶鲜红色，冠高，冠齿 5 ~ 9 个，喙青色或褐色钩状；胫、趾青色；皮肤为白色；商品代母鸡羽色以麻黄为主，少数鸡只为麻色、麻褐色、麻黑色；体型较大，方形；冠、肉垂、耳叶鲜红色，冠高，冠齿 5 ~ 8 个，喙青色、褐色或黄褐色钩状；胫、趾青色；皮肤白色。

雏鸡头部麻黑相间，背部有两条白色绒羽带、中间为麻黑色，胫黑色，喙黑色。

（二）体尺体重

成年金陵铁脚麻鸡体尺、体重见表 1。

表 1 成年金陵铁脚麻鸡体尺、体重测量

项目	父母代父系公鸡	父母代父系母鸡	父母代母系公鸡	父母代母系母鸡
鸡数（只）	30	30	30	30
体斜长（cm）	26.90±0.49	22.89±0.45	26.45±0.53	22.20±0.50
胸宽（cm）	12.68±0.24	11.75±0.23	12.32±0.21	11.05±0.28
胸深（cm）	12.60±0.54	11.28±0.22	12.23±0.48	10.80±0.67
胸角（°）	94±3	87±5	93±4	89±3
龙骨长（cm）	17.84±0.57	13.27±0.51	17.14±0.52	13.01±0.32
骨盆宽（cm）	6.44±0.45	5.91±0.27	6.27±0.34	5.41±0.25
胫长（cm）	11.40±0.38	9.26±0.16	11.29±0.45	8.90±0.33
胫围（cm）	5.90±0.18	4.55±0.13	5.27±0.24	4.30±0.22
体重（g）	3 920±218	2 838±135	3 840±203	2 450±195

（三）生产性能

1. 纯系生产性能

A 系、R 系、M 系主要生产性能见表 2。

表 2　配套系各纯系的主要生产性能情况

项目	性能标准		
	A 系	R 系	M 系
0 ~ 24 周龄成活率（%）	93.9	92.7	93.9
25 ~ 66 周龄成活率（%）	93.6	92.9	94.6
开产日龄（d）	170	175	175
5% 开产周龄体重（g）	2 210	2 260	2 350
43 周龄体重（g）	2 602	2 633	2 668
50% 产蛋周龄（周）	27	28	28
高峰产蛋率（%）	75	82	70
66 周入舍鸡（HH）产蛋量（个）	165	173	158
43 周龄平均蛋重（g）	55.7	58.9	56.8
种蛋合格率（%）	94.5	95.4	94.2
种蛋受精率（%）	94.6	94.7	94.2
入孵蛋孵化率（%）	87.9	86.9	85.8
0 ~ 24 周龄耗料量（kg）	12.5	13.5	14.5
产蛋期日采食量（g）	135	140	143

注：数据来源于广西金陵养殖有限公司以上品系第 3 世代测定数据的平均数。

2. 父母代种鸡生产性能

金陵麻鸡父母代种鸡主要生产性能见表 3。

表 3　父母代种鸡主要生产性能

项目	生产性能
0 ~ 24 周龄成活率（%）	96.0
24 ~ 66 周龄成活率（%）	92.7
5% 开产日龄（d）	172
5% 开产周龄体重（g）	2 240
43 周龄体重（g）	2 620
50% 产蛋周龄（周）	28
高峰产蛋率（%）	80
66 周入舍鸡（HH）产蛋量（个）	168
43 周平均蛋重（g）	56.8
种蛋合格率（%）	95.3
种蛋受精率（%）	93.9
入孵蛋孵化率（%）	87.7
0 ~ 24 周龄耗料量（kg）	14.0
产蛋期日采食量（g）	138

注：数据来源于公司 2008 年全场金陵麻鸡父母代种鸡平均数据。

3. 商品代肉鸡生产性能

金陵麻鸡商品代肉鸡生产性能见表 4。

表4 商品代生产性能

指标	企业测定结果			国家家禽测定站测定结果		
	公鸡	母鸡	平均	公鸡	母鸡	平均
出栏日龄（d）	55～65	60～75	60	56	56	56
体重（kg）	1.9～2.3	1.8～2.3	2.0	2.1	1.7	1.9
饲料转化比	（2.2～2.3）：1	（2.3～2.5）：1	2.3：1	2.11：1		2.11：1

注：数据来源于公司 2008 年"公司＋基地＋农户"平均数据和国家家禽生产性能测定站（扬州）2008 年 8—11 月测定结果。

（四）屠宰性能和肉质性能

70 日龄的金陵麻鸡商品代肉鸡公母鸡各 30 只，屠宰测定及肉质检测结果见表5。

表5 金陵麻鸡商品代屠宰测定及肉质检测结果

项目	公鸡	母鸡	平均
体重（g）	2 100±155	1 700±134	1 900
屠宰率（%）	89.38±2.80	89.91±2.21	89.65
半净膛率（%）	82.57±1.86	82.51±1.78	82.54
全净膛率（%）	69.42±1.35	67.88±2.14	68.65
胸肌率（%）	16.82±1.75	17.15±1.37	16.99
腿肌率（%）	20.85±1.49	20.58±1.38	20.72
腹脂率（%）	2.03±1.03	3.69±1.34	2.86
肉骨比	5.15：1	4.77：1	4.97：1
水分（%）	73.3	72.8	73.1
肌苷酸（mg/100g）	358	376	367
氨基酸（%）	20.49	21.55	21.02
肌间脂肪（%）	0.88	0.94	0.91

注：数据来源于公司 2008 年 9 月 25 日测定的商品代数据。

（五）营养需要

金陵铁脚麻鸡各阶段日粮营养水平分别见表6 和表7。

表6 种鸡各阶段日粮营养水平

项目	小鸡料	中鸡料	后备料	种母鸡料	种公鸡料
代谢能（MJ/kg）≥	12.34	12.13	10.87	11.09	11.02
粗蛋白质（%）≥	19.50	18.00	15.00	16.50	14.20
赖氨酸（%）≥	1.10	0.90	0.80	0.83	0.82
蛋氨酸（%）≥	0.60	0.50	0.40	0.40	0.40
钙（%）	1.00	1.00	1.00	3.20	1.24
总磷（%）	0.55	0.55	0.50	0.55	0.51

表7　商品肉鸡各阶段营养水平

项目	0～4周	5～6周	7周至上市
代谢能（MJ/kg）	12.13	12.13	12.76
粗蛋白（%）	20.0	18.0	16.5
钙（%）	1.00	0.90	0.90
总磷（%）	0.60	0.56	0.56
赖氨酸（%）	1.10	0.90	0.85
蛋＋胱氨酸（%）	0.70	0.65	0.60

三、培育技术工作情况

（一）育种素材及来源

M系来源于华青麻鸡和良凤花鸡。1999年先后引进华青麻鸡和良凤花鸡，经杂交，选留后代中的青脚母鸡，再与华青麻鸡公鸡回交，选择外貌特征符合要求的后代进行闭锁繁育，选留优良个体组建核心群，建立家系。

A系来源于华青麻鸡。在华青麻鸡纯繁后代中选择优良个体进行闭锁繁育，纯合青胫性状遗传基因，选择优良个体组建家系核心群，建立家系。

R系是用2003年从法国克里莫兄弟育种公司引进隐性白鸡，主要质量性状有隐性白羽、快羽、金银色基因、显性芦花伴性斑纹基因，2004年选择优良个体组建家系基础群。

（二）技术路线

1. 配套系组成

金陵麻鸡配套系属三系配套系。该配套系以A系（公）和R系（母）生产的F_1代母鸡作为母本，以M系为终端父本，向市场提供金陵麻鸡父母代种鸡和商品代肉鸡。

2. 配套模式

金陵麻鸡配套系配套模式如下。

育种群：M♂×M♀　　A♂×A♀　　R♂×R♀

　　　　　↓　　　　　　↓　　　　　　↓

祖　代：　M♂×M♀　　　A♂　　×　　R♀

父母代： M ♂ × AR ♀

↓

商品代： 金陵麻鸡

3. 选育技术路线

首先广泛收集青脚麻鸡、白羽肉鸡等多种基础育种素材，并对其进行评估和整理。育种素材准备好之后，开始进行专门化品系的培育，在这个过程中，针对体型外貌、羽毛颜色、胫色、繁殖性能、肉用性能等性状进行选育，最终形成体型外貌和生产性能都能稳定遗传的专门化品系。通过测定，获得各个专门化品系的生产性能指标，并根据公司的育种需要设计不同的杂交组合，开展大规模的配合力测定。利用重复和扩大试验筛选和验证最优配套系杂交组合模式，并研究、集成与本品种相关的饲养管理技术，进行配套系的中试推广应用。

配套系选育技术路线如图 1 所示。

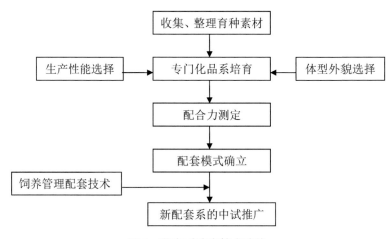

图 1 配套系选育技术路线

（三）培育过程

第 1 阶段：引进育种素材，1999—2001 年。

购进的华青麻鸡和良凤麻鸡。公鸡选择红冠黑尾羽、白皮肤、黑脚胫；母鸡选择麻黄、麻黑羽、红冠、白肤与黑脚胫。

第 2 阶段：纯系选育，2001—2005 年。

从 F_2 闭锁群中选择红冠、白肤、黑脚、黄麻花羽的优良个体采用个体与家系小群测定，以及避免近亲繁殖的半同胞选配制度，每年繁殖 1 个世代，每个世代 8 周龄时从后备鸡群中选留冠高面红、冠齿疏、羽色麻黄或麻黑，体重在群体平均体重以上的健康公鸡和母鸡组建核心群，在核心群中建立家系进行选育，经世代繁殖选育，形成父系 T_2 系（在注重体重的同时注重其姐妹的产蛋性能）；同时，从华青麻鸡中选择优良个体进行闭锁繁育，采用个体与家系小群测定，以及避免近亲繁殖的半同胞选配制度，每年繁殖 1 个世代，每个世代 8 周龄时从后备鸡群中选留冠高面红、冠齿疏、羽色麻黄或麻黑，体重在群体平均体重以上的健康公鸡和母鸡组建核心群，在核心群中建立家系进行选育，经世代繁殖选育，形成另一个配套父系 T_1 系。

第 3 阶段：配套杂交（2004 年后）

F_2 ♀（白肤，黑胫）× 华青麻鸡 ♂（白肤，黑胫）

↓

F_2 ♂♀（白肤，黑胫）

（四）群体结构

2009 年广西金陵农牧集团有限公司存栏金陵麻鸡父母代约为 11.8 万套，年产雏鸡 1 590 多万只。2015 年父母代存栏数约为 15 万套，年产雏鸡达 2 570 多万只。

（五）饲养管理

0 ～ 5 周龄育雏期：保温育雏从 34 ℃逐渐减至 25 ℃，0 ～ 28 d 用小鸡料、29 ～ 35 d 用中鸡料自由采食，保证雏鸡体重达标及成活率。

6 ～ 22 周育成期：笼养，控制鸡舍光照时间 8 h；逐步过渡使用育成料，限制鸡体重增长的饲养管理方法，使鸡的体重增长，均匀度在标准范围内，达到适时一致开产。

23 ～ 66 周龄产蛋期：笼养，采用人工授精技术。23 周龄开始逐渐增加光照至产蛋高峰（29 周龄）15 ～ 16 h，以后恒定；使用种鸡料，对种鸡耗料量按产蛋水平进行调控管理，保证种鸡生产性能的正常发挥。要求 23 周龄见蛋，26 ～ 27 周产蛋率达 50 %，28 ～ 29 周龄进入产蛋高峰期（产蛋率达 70 % 以上）。

（六）参考免疫程序（表8和表9）

表8　父母代鸡免疫程序参考

日龄	疫苗种类	接种形式
1	CVI988	颈部皮下注射
1	MD	皮下注射
1	新支二联活苗	点右眼
8	H120+C30+28/86、ND 油苗	点左眼、皮下注射
13、22	IBD	饮水
27	lasota、AI 油苗	点右眼、左肌注
32	IC（K）	右肌注
37	ILT	点左眼
62	新支二联活苗、IB（K）	点右眼、左肌注
72	IC（K）	右肌注
82	ND 油苗、 AI 油苗	左肌注、右肌注
108	H120+C30+28/86	点左眼
140	ND+IB+IBD+EDS（K）	右肌注
150	AI（K）	左肌注
158	lasota	点右眼
220	lasota	点左眼
280	lasota	点右眼

注：应根据实际情况和抗体监测结果灵活调整 ND、AI 的免疫接种时间。

表9　商品代鸡免疫程序推荐

日龄	疫苗种类	剂量（头份）	使用方法
1	马立克	1.0	颈皮下注射
3	新支二联苗	1.0	滴眼、滴鼻
12	法氏囊	1.5	加脱脂奶粉饮水
15	禽流感油苗	1.0	皮下注射
30	新城疫 I 系苗	1.2	肌内注射
50	禽流感油苗	1.0	皮下注射

注：免疫程序仅供参考，养殖户要根据本地疫病流行情况修订，活疫苗要求在 45 min 内接种完，采用饮水免疫的疫苗不能用含消毒药的水免疫。

（七）培育单位概况

广西金陵农牧集团有限公司位于南宁市西乡塘区金陵镇陆平村，距南宁市中心 31 km。公司前身南宁市金陵黄雄种鸡场，创办于 1997 年，现总注册资本金为 2.2 亿元，总占地面积为 2 300 亩；是一家集种鸡育种与肉鸡养殖、种猪繁育和肉猪养殖、饲料加工、有机肥料加工于一体的大型现代化农牧集团；是国家肉鸡产业技术体系南宁综合试验站、中国黄羽肉鸡行业二十强优秀企业、中国畜牧行业百强优秀企业、农业农村部肉鸡养殖标准化示范场、全国科普惠农兴村示范单位、广西农业产业化重点龙头企业、广西优良种鸡培育中心、广西无公害肉鸡养殖基地、广西重点种禽场、南宁市"菜篮子"工程建设基地、广西科技种养大王、通过 ISO9001:2008 质量管理体系认证企业。公司拥有一支专业齐全、开发力量较雄厚的科技转化队伍。2015 年年末有科研、生产、推广服务方面各类专业技术人员 218 人，其中高级职称 3 人，中级职称 16 人，初级职称 47 人。中专学历技术人员 125 人，大专学历技术人员 56 人，本科学历技术人员 28 人，硕士研究生学历技术人员 9 人。

四、推广应用情况

金陵麻鸡是我国西南地区和中部地区比较受欢迎的鸡品种之一，雏鸡销售区域除广西本区外，在云南、贵州、四川、重庆、湖南等省市均有销售，2015 年产销雏鸡 2 570 多万只。

五、对品种（配套系）的评价和展望

金陵麻鸡是应用现代育种技术进行培育，采用边选育边推广的方式，培育出体型酷似土鸡、且具有优良的繁殖性能和较快生长速度的配套品系。金陵麻鸡的优点是生长速度快，饲料报酬率高，抗逆性强，营养价值高，冠为鲜红色，并且冠高而大，直立不倒，具有较好的外观性，深受养殖户和消费者的欢迎，产品一直畅销（图 2）。

图 2　金陵麻鸡配套系商品鸡

金 陵 黄 鸡

一、一般情况

(一) 品种（配套系）名称

金陵黄鸡，肉用型配套品系。由 H 系、D 系、R 系组成三系配套系。

(二) 培育单位、培育年份、审定单位和审定时间

培育单位：广西金陵农牧集团有限公司（原广西金陵养殖有限公司）；培育年份：1989—2006 年；2006 年 4 月通过广西水产畜牧兽医局审定，2009 年 6 月通过国家畜禽遗传资源委员会审定，10 月农业部公告第 1278 号确定为新品种配套系，证书编号（农09）新品种证字第 32 号。

(三) 产地与分布

种苗产地在南宁市西乡塘区金陵镇。父母代、商品代除在广西区内销售外，还远销到广东、云南、四川、重庆、贵州、湖南、河南、浙江等省市。

二、培育品种（配套系）概况

(一) 体型外貌

父母代成年公鸡颈羽金黄色，尾羽黑色有金属光泽，主翼羽、背羽、鞍羽、腹羽均为红黄色、深黄色；体型呈方形、较小；冠、肉垂、耳叶鲜红色，冠大、冠齿 6～9 个；喙黄色；胫、趾黄色，胫细、长；皮肤黄色。

父母代成年母鸡颈羽、主翼羽、背羽、腹羽及鞍羽为黄色，尾羽有部分黑色；单冠红色，冠齿 5～8 个；髯、耳叶红色；虹彩橘黄色；喙黄色。胫、趾黄色，胫粗、短。

商品代公鸡颈羽金黄色，尾羽黑色有金属光泽，主翼羽、背羽、鞍羽、腹羽均为红黄色、深黄色；体型方形、较大；冠、肉垂、耳叶鲜红色，冠大、冠

齿 6～9 个，喙黄色，胫、趾黄色，胫细、长；皮肤黄色。

商品代母鸡颈羽、主翼羽、背羽、鞍羽、腹羽均为黄色、深黄色，尾羽尾部黑色；体型为楔形，较小；冠、肉垂、耳叶鲜红色，冠高、冠齿 5～9 个，喙黄色；胫黄色，胫细、长；皮肤黄色。

雏鸡绒毛呈黄色，胫、喙黄色。

（二）体尺体重

成年金陵黄鸡体尺、体重见表 1。

表 1　成年金陵黄鸡体尺、体重（*n*=30）

项目	父母代父系公鸡 （H 系）	父母代父系母鸡 （H 系）	父母代母系公鸡 （D 系）	父母代母系母鸡 （D 系）
体斜长（cm）	23.80±0.88	20.28±0.46	23.90±0.76	20.20±0.59
胸宽（cm）	11.80±0.67	9.38±0.30	9.87±0.39	7.75±0.29
胸深（cm）	12.30±0.75	9.42±0.28	11.30±0.98	9.80±0.75
胸角（°）	85±3	84±3	86±4	83±2
龙骨长（cm）	16.40±0.56	10.70±0.35	17.95±0.58	14.51±0.39
骨盆宽（cm）	5.80±0.26	5.20±0.35	5.92±0.36	4.90±0.28
胫长（cm）	10.30±0.38	7.86±0.23	7.00±0.58	5.80±0.35
胫围（cm）	4.90±0.21	3.92±0.12	4.80±0.31	3.60±0.25
体重（g）	3 150±203	1 915±180	2 905±169	1 648±124

（三）生产性能

金陵黄鸡父母代种鸡主要生产性能见表 2。

表 2　父母代种鸡主要生产性能

项目	生产性能
0～24 周龄成活率（%）	95～97
24～66 周龄成活率（%）	93～96
5% 开产周龄（周）	23～24
5% 开产周龄体重（g）	1 530～1 640
480 日龄体重（g）	2 100～2 200
50% 产蛋周龄（周）	26～27
高峰期平均产蛋率（%）	80
66 周入舍鸡（HH）产蛋量（个）	172

（续表）

项目	生产性能
平均蛋重（g）	52.8
种蛋合格率（%）	94～96
种蛋受精率（%）	92～95
入孵蛋孵化率（%）	88～90
0～24周龄耗料量（kg）	11.0～11.5
产蛋期日采食量（g）	98～105

金陵黄鸡商品代母鸡80 d平均体重（1 720±85）g，饲料转化比为（2.63±0.12）；公鸡70 d平均体重为（1 790±125）g，饲料转化比为（2.41±0.24），成活率98%以上。周龄体重见表3。

表3　商品代周龄体重

周龄	公鸡体重（g）	母鸡体重（g）
2	190±23	180±20
4	460±36	410±32
6	830±56	709±45
8	1 210±75	1 060±73
10	1 790±125	1 420±90
12	—	1 730±110

金陵黄鸡商品代肉鸡生产性能见表4。

表4　金陵黄鸡商品代生产性能

项目	公司测定结果			农业农村部家禽品质监督检验测试中心（扬州）测定结果		
	公	母	平均	公	母	平均
出栏日龄（d）	60～75	65～95	75	84	84	84
体重（kg）	1.50～2.00	1.40～2.00	1.65	2.27	1.83	2.05
饲料转化比	（2.3～2.5）:1	（2.5～3.3）:1	2.70:1	2.83:1	3.15:1	2.99:1

（四）屠宰性能和肉质性能

屠宰测定商品公（70 d）母（80 d）鸡各30只，其结果和肉质分析结果见表5。

表 5 金陵黄鸡商品代屠宰测定及肉质测定结果

商品名称	金陵黄鸡		
性别	公	母	平均
鸡数（只）	30	30	30
日龄（d）	70	80	75
体重（g）	1 790±125	1 720±104	1 755
屠宰率（%）	89.0±7.1	90.1±8.2	89.6
半净膛率（%）	81.6±5.6	82.9±4.8	82.3
全净膛率（%）	68.6±2.5	69.4±1.7	69.0
胸肌率（%）	15.6±1.45	16.2±1.66	15.9
腿肌率（%）	20.4±1.38	19.8±3.40	20.1
腹脂率（%）	3.18±1.50	3.98±1.49	3.6
肉骨比	4.96:1	4.75:1	4.86:1
水分（%）	73.4	72.5	73.0
肌苷酸（mg/kg）	3 560	4 170	3 870
氨基酸（%）	20.82	20.06	20.44
肌间脂肪（%）	1.14	0.95	1.05

（五）营养需要

父母代种鸡和商品肉鸡饲养标准见表 6 和表 7。

表 6 父母代种鸡饲养标准

项目	代谢能（MJ）≥	粗蛋白质（%）≥	赖氨酸（%）≥	蛋氨酸（%）≥	钙（%）	总磷（%）
小鸡料	12.13	19.50	1.10	0.60	1.00	0.55
中鸡料	12.13	18.00	0.90	0.50	1.00	0.55
后备料	10.87	15.00	0.80	0.40	1.00	0.50
种鸡料	11.09	16.50	0.83	0.40	3.20	0.55

表 7 商品肉鸡饲养标准

项目	0~4 周	5~7 周	8 周~上市
代谢能（MJ/kg）	12.13	12.34	12.76
粗蛋白质（%）	20.0	18.0	16.5
钙（%）	1.00	0.90	0.90
总磷（%）	0.60	0.56	0.56
赖氨酸（%）	1.10	0.90	0.85
蛋氨酸＋胱氨酸（%）	0.70	0.65	0.60

三、培育技术工作情况

(一) 育种素材及来源

金陵黄鸡基础素材中，H 系来源于博白三黄鸡。1997—1999 年将购进的广西玉林博白三黄鸡进行选择，公鸡选择金黄羽、红冠、体质健壮、肌肉丰满；母鸡选择金黄羽、冠红、体型较好；公母鸡皮肤、胫均为黄色。2000—2003 年将选留群体进行闭锁繁育，逐渐淘汰变异个体，群体外貌特征基本稳定，2004 年组建家系。

D 系来源于深圳康达尔公司的矮脚黄鸡。于 1997 年从广东深圳康达尔公司引进矮脚黄鸡，在其后代中选择优良个体进行闭锁繁育，于 2004 年在闭锁群中根据产蛋性能和生长速度选择优良个体建立核心群，组建家系 D 系。

R 系是用 2003 年从法国克里莫公司引进隐性白鸡，主要质量性状有隐性白羽、快羽、金银色基因、显性芦花伴性斑纹基因，2004 年选择优良个体组建家系基础群。

(二) 技术路线

1. 配套模式

金陵黄鸡配套系属三系配套系。该配套系以 D 系（公）和 R 系（母）生产的 F_1 代母鸡作为母本，以 H 系为终端父本，向市场提供金陵黄鸡父母代种鸡和商品代肉鸡。其配套模式如下。

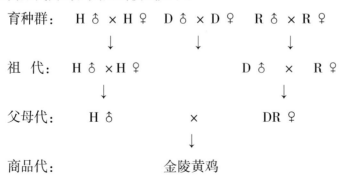

2. 选育技术路线

首先广泛收集黄羽肉鸡、白羽肉鸡、矮脚鸡等多种基础育种素材，并对其进行评估和整理。育种素材准备好之后，开始进行专门化品系的培育，在这个过程中，针对体型外貌、羽色、胫色、繁殖性能、肉用性能等性状进行选育，最终形成体型外貌和生产性能都能稳定遗传的专门化品系。通过测定，获得各个专门化品系的生产性能指标，并根据公司的育种需要设计不同的杂交组合，开展大规模的配合力测定。利用重复和扩大试验筛选和验证最优配套系杂交组合模式，并研究、集成与本品种相关的饲养管理技术，进行配套系的中试推广应用配套系选育技术路线见 82 页图 1。

（三）培育过程

第 1 阶段：引种 1989—2003 年

1989—1998 年先后购进博白三黄鸡、康达尔矮脚（伴性遗传）黄鸡；2003 年引进隐性白鸡。经选择、闭锁繁育、组建家系。

第 2 阶段：纯系选育 1999—2004 年

博白三黄鸡公鸡选择金黄羽、红冠、体质健壮、肌肉丰满；母鸡选择金黄羽、冠红、体型较好；公母鸡皮肤、胫均为黄色。

康达尔矮脚黄鸡公鸡选择浅黄羽、红冠；母鸡选择土黄羽；公母鸡皮肤、胫均为黄色，胫较短、胫围较小，体型适中。

分别从博白三黄鸡和康达尔矮脚黄鸡的后代中选择优良个体，建立核心群，组建家系，培育成父系（H 系）和母系（D 系）。

第 3 阶段：配套杂交、配合力测定、中试，2004 年后

H 系♂ ×DR 系♀得正常型金陵黄鸡商品代鸡。

（四）群体结构

2015 年广西金陵农牧集团有限公司育种中心拥有个体笼为近 2 万个，祖代场可存栏开产种鸡 10.5 万套。公司存栏金陵黄鸡祖代种鸡 3 万多套，父母代种鸡 20 余万套，年孵化鸡苗 3 500 多万只。

（五）饲养管理

0 ~ 5 周龄育雏期：保温育雏从 34 ℃逐渐减至 25 ℃，0 ~ 28 d 用小鸡料、29 ~ 35 d 用中鸡料，自由采食。

6 ~ 22 周育成期：笼养，控制鸡舍光照时间 8 h；逐步过渡使用育成料，限制鸡体重增长，使鸡的体重，均匀度在标准范围内，达到适宜时期一致开产。

23 ~ 66 周龄产蛋期：笼养，采用人工授精技术。23 周龄开始逐渐增加光

照至产蛋高峰（29 周龄）15 ～ 16 h，以后恒定；使用种鸡料，对种鸡耗料量按产蛋水平进行调控管理，保证种鸡生产性能的正常发挥。要求 23 周龄见蛋，26 ～ 27 周产蛋率达 50％，28 ～ 29 周龄进入产蛋高峰期（产蛋率达 70% 以上）。

（六）参考免疫程序（表 8 和表 9）

表 8　父母代鸡免疫程序参考

日龄	疫苗种类	接种形式
1	MD	皮下注射
1	新支二联活苗	点右眼
8	H120+C30+28/86、ND 油苗	点左眼、皮下注射
13、22	IBD	饮水
27	lasota、AI 油苗	点右眼、左肌注
32	IC（K）	右肌注
37	ILT	点左眼
62	新支二联活苗、IB（K）	点右眼、左肌注
72	IC（K）	右肌注
82	ND 油苗、 AI 油苗	左肌注、右肌注
108	H120+C30+28/86	点左眼
140	ND+IB+IBD+EDS（K）	右肌注
150	AI（K）	左肌注
158	lasota	点右眼
220	lasota	点左眼
280	lasota	点右眼

注：应根据实际情况和抗体监测结果灵活调整 ND、AI 的免疫接种时间。

表 9　商品代鸡免疫程序推荐

日龄	疫苗种类	使用方法
1	马立克	颈皮下注射
3	新支二联苗	滴眼、滴鼻
12	法氏囊	加脱脂奶粉饮水
15	禽流感油苗	皮下注射
30	新城疫 I 系苗	肌内注射
60	禽流感油苗	皮下注射

（七）培育单位概况

广西金陵农牧集团有限公司位于南宁市西乡塘区金陵镇陆平村，距南宁市中心 31 km。公司前身南宁市金陵黄雄种鸡场，创办于 1997 年，现总注册资本金为 2.2 亿元，总占地面积为 2 300 亩；是一家集种鸡育种与肉鸡养殖、种猪繁育和肉猪养殖、饲料加工、有机肥料加工于一体的大型现代化农牧集团；是国家肉鸡产业技术体系南宁综合试验站、中国黄羽肉鸡行业二十强优秀企业、中国畜牧行业百强优秀企业、农业农村部肉鸡养殖标准化示范场、全国科普惠农兴村示范单位、广西农业产业化重点龙头企业、广西优良种鸡培育中心、广西无公害肉鸡养殖基地、广西重点种禽场、南宁市"菜篮子"工程建设基地、广西科技种养大王、通过 ISO9001:2008 质量管理体系认证企业。2015 年年末有科研、生产、推广服务方面各类专业技术人员 218 人，其中高级职称 3 人，中级职称 16 人，初级职称 47 人。中专学历技术人员 125 人，大专学历技术人员 56 人，本科学历技术人员 28 人，硕士研究生学历技术人员 9 人。

四、推广应用情况

金陵黄鸡采取边培育边推广的办法，不断从市场反馈信息调整育种方向。金陵黄鸡推出市场后，养殖户反映强烈，产品一直旺销，除广西本区外，在云南、贵州、四川、重庆、湖南、河南、浙江等省市均有养殖。现年可向社会提供商品代雏鸡 3 500 万余只。

五、对品种（配套系）的评价和展望

金陵黄鸡体型酷似土鸡，并且具有优良的繁殖性能和较快的生长速度，饲料报酬高，抗逆性强，具有较好的外观性，母系为脚矮小体重具节粮型。金陵黄鸡配套系鸡苗产品在广西区内同类市场占有率约为 10 %。金陵黄鸡深受养殖户和消费者的欢迎，具有较好的发展前景（图 1）。

图 1　金陵黄鸡配套系商品鸡

金 陵 花 鸡

一、一般情况

(一) 品种 (配套系) 名称

金陵花鸡,肉用型配套品系。由 C 系、L 系、E 系组成三系配套系。

(二) 培育单位、培育年份、审定单位和审定时间

培育单位:广西金陵农牧集团有限公司、广西金陵家禽育种有限公司;参加培育单位:中国农业科学院北京畜牧兽医研究所、广西壮族自治区畜牧研究所;培育年份:1998—2014 年;2015 年 12 月通过国家畜禽遗传资源委员会审定,12 月 21 日农业部公告第 2342 号确定为新配套系,证书编号(农 09)新品种证字第 66 号。

(三) 产地与分布

种苗产地在南宁市西乡塘区金陵镇。父母代、商品代除在广西区内销售外,还远销到广东、云南、四川、重庆、贵州、湖南、河南、浙江等省市。

二、培育品种 (配套系) 概况

(一) 体型外貌

父母代成年公鸡颈羽为红色,尾羽黑色有金属光泽,主翼羽麻色,背羽、鞍羽深黄色,腹羽黄色杂有麻色;体型大,方形、身短,胸宽背阔;冠、肉垂、耳叶鲜红色,冠高,冠齿 5 ~ 9 个,喙褐色或黄色;胫、趾黄色,胫粗、长;皮肤黄色。

父母代成年母鸡羽色以麻黄为主,少数鸡只为麻色、麻褐色、麻黑色;体型较大,方形;冠、肉垂、耳叶鲜红色,冠高,冠齿 5 ~ 8 个,喙黄色、褐色

或黄褐色；胫、趾黄色，胫较粗；皮肤为黄色。

商品代公鸡颈羽红黄色，尾羽黑色有金属光泽，主翼羽麻色，背羽、鞍羽深黄色，腹羽黄色或少量麻色；体型方形，胸肌发达；冠、肉垂、耳叶鲜红色，冠高，冠齿 5 ~ 9 个，喙黄色或褐色钩状；胫、趾、皮肤皆为黄色。

商品代母鸡羽色以麻黄为主，少数鸡只为麻色、麻褐色；体型较大，方形；冠、肉垂、耳叶鲜红色，冠高，冠齿 5 ~ 8 个，喙黄色、褐色或黄褐色钩状，虹彩黄色；胫、趾、皮肤皆为黄色。

雏鸡头部麻黑相间，背部有两条白色绒羽带、中间为麻黑色，胫、喙黄色。

（二）体尺体重

成年金陵花鸡体尺、体重见表 1。

表 1　成年金陵花鸡体尺、体重

项目	E 系母鸡	C 系母鸡	L 系母鸡
体斜长（cm）	25.45±1.05	24.98±0.67	22.70±0.86
龙骨长（cm）	18.00±0.70	17.96±0.50	16.30±0.87
胫长（cm）	8.90±0.40	8.81±0.33	7.81±0.37
胫围（cm）	4.43±0.23	4.52±0.20	4.60±0.15
体重（g）	2 465±211	2 365±188	2 328±212

（三）生产性能

金陵花鸡父母代种鸡主要生产性能见表 2。

表 2　父母代种鸡主要生产性能

项目	生产性能
0 ~ 24 周龄成活率（%）	93 ~ 95
24 ~ 66 周龄成活率（%）	91 ~ 94
开产周龄（周）	24 ~ 25
23 周龄体重（g）	2 250 ~ 2 350
66 周龄体重（g）	2 950 ~ 3 150
入舍鸡（HH）产蛋数（个）	170 ~ 175
种蛋合格率（%）	92 ~ 96
种蛋受精率（%）	94 ~ 96
受精蛋孵化率（%）	90 ~ 93
入孵蛋孵化率（%）	85 ~ 89
健雏率（%）	98.5 ~ 99.5
0 ~ 23 周龄只耗料量（kg）	9.0 ~ 10.0
24 ~ 66 周龄只耗料量（kg）	38.5 ~ 39.5

金陵花鸡商品代公鸡 49 日龄平均体重（2 025 ± 75）g，饲料转化比 2.0 ± 0.05；母鸡 63 日龄平均体重为（2 025 ± 75）g，饲料转化比为 2.45 ± 0.05，成活率 94 % 以上。金陵花鸡商品代肉鸡生产性能见表 3。

表 3　金陵花鸡商品代生产性能

项目	企业测定结果			测定结果 *		
	公鸡	母鸡	平均	公鸡	母鸡	平均
出栏日龄（d）	49	63	57	49	49	49
体重（g）	1 950 ～ 2 100	1 950 ～ 2 100	1 950 ～ 2 100	2 001.1	1 565.5	1 783.3
饲料转化比	(1.95 ～ 2.05)：1	(2.40 ～ 2.5)：1	(2.17 ～ 2.27)：1	—	—	2.02：1

注：* 为农业农村部家禽品质监督检验测试中心（扬州）检测结果。

（四）屠宰性能和肉质性能

金陵花鸡商品代肉鸡屠宰测定及肉质测定结果见表 4。

表 4　金陵花鸡商品代屠宰测定及肉质测定结果

商品名称	金陵花鸡		测定结果 *	
性别	公鸡	母鸡	平均	平均
鸡数（只）	30	30	—	—
日龄（d）	49	49	49	49
体重（g）	1 898 ± 45	1 495 ± 22	1 697	1 783
屠宰率（%）	91.9 ± 2.1	90.3 ± 0.8	91.1	91.2
半净膛率（%）	85.3 ± 1.2	84.5 ± 1.1	84.9	84.4
全净膛率（%）	70.2 ± 1.3	70.5 ± 1.2	70.3	69.0
胸肌率（%）	24.3 ± 1.2	25.2 ± 1.1	24.8	25.5
腿肌率（%）	19.1 ± 1.2	17.9 ± 1.1	18.1	19.7
腹脂率（%）	3.9 ± 1.1	4.5 ± 1.2	4.7	4.3
水分（%）*	72.0	72.2	72.1	—
肌苷酸（mg/kg）**	3 342	4 088	3 715	—
氨基酸（g/kg）**	219	222	220	—
肌间脂肪（g/kg）**	11.6	7.8	9.7	—

注：* 为农业农村部家禽品质监督检验测试中心（扬州）检测结果。

** 为广西分析检测研究中心结果，公鸡日龄为 49 d，母鸡日龄为 63 d。

（五）营养需要

父母代种鸡和商品肉鸡饲养标准见表 5 和表 6。

表 5　父母代种鸡饲养标准

项目	代谢能（MJ）≥	粗蛋白质（%）≥	赖氨酸（%）≥	蛋氨酸（%）≥	钙(%)	总磷(%)
小鸡料	12.13	19.0	1.00	0.46	1.00	0.60
中鸡料	12.13	15.5	0.80	0.32	0.95	0.55
后备料	10.87	15.5	0.80	0.32	0.95	0.55
种鸡料	11.09	16.5	0.90	0.40	3.20	0.55

表 6　商品肉鸡饲养标准

项目	0～4周	5～7周	8周～上市
代谢能（MJ/kg）	12.13	12.13	12.76
粗蛋白（%）	20.0	18.0	16.5
钙（%）	1.00	0.90	0.90
总磷（%）	0.48	0.40	0.35
赖氨酸（%）	1.15	1.05	0.90
蛋氨酸＋胱氨酸（%）	0.48	0.32	0.36

三、培育技术工作情况

（一）育种素材及来源

金陵花鸡基础素材中，E 系是利用广西麻鸡母鸡与科宝父母代公鸡杂交选育而来。2005 年利用引进的科宝父母代配套公鸡，与广西麻鸡中麻羽母鸡杂交，再横交后选留体型大、外观麻羽、黄胫、黄皮肤的个体，组成闭锁群，通过个体选育和测交，逐渐淘汰羽色等外观不合格的个体，并加强均匀度的选择，通过加大选择压使体重等主要生产性能逐步稳定。于 2009 年在闭锁群中选择优良个体建立基础核心群，进行家系选育。

C 系是在广西金陵农牧集团有限公司保种的快大花鸡基础上选育而来；于 1998 年在所在地南宁市周边农户引进该品种，初时羽色和胫色较杂，羽色有黑色、深麻色、麻色等，胫色有黄色、青色、淡黄色等，体重均匀度差，体型大小不一。2000 年开始，选择体型大、外观麻羽、黄胫的优良个体进行闭锁繁育，并通过个体选择和测验杂交，逐渐淘汰青胫、黑羽、黑麻羽等个体，使群体的遗传基因逐渐纯合。同时进行白痢的净化，使白痢阳性率控制在 0.3 %以下，并于 2006 年组建家系核心群，进行家系选育。

L系来源于广东的麻黄鸡品系，于2006年从广东某种鸡场引进。引进时该品系体型中等，胸肌和腿肌发达，体型为方形，饲料转化比好；羽色以麻黄为主，羽速为慢羽；胫短、粗、黄色，皮肤为黄色；冠大、高、直立，性成熟早，抗逆性强。为了适合金陵花鸡的配套需要，经扩繁后，重点对生长速度进行了选择，加大体重的选择压，选留个体公鸡超过平均体重15%以上、母鸡超过平均体重10%以上。经过连续2年3个世代的加大选择压的选育，于2008年选择优良个体组建家系基础群。

（二）技术路线

1. 配套模式

金陵花鸡配套系属三系配套系。该配套系以C系（公）和L系（母）生产的F_1代母鸡作为母本，以E系为终端父本，向市场提供金陵花鸡父母代种鸡和商品代肉鸡。其配套模式下。

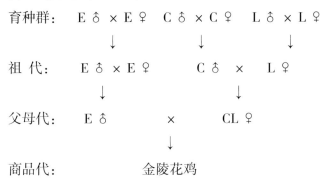

育种群： E♂×E♀　C♂×C♀　L♂×L♀
　　　　　　　↓　　　　↓　　　　↓
祖　代： E♂×E♀　　C♂ × L♀
　　　　　　↓　　　　　↓
父母代： E♂　　　×　　CL♀
　　　　　　　　　↓
商品代：　　　金陵花鸡

2. 选育技术路线

首先广泛引进和利用快大麻羽肉鸡、广西麻鸡、快大型白羽肉鸡等多种基础育种素材，并对其进行评估和整理。育种素材准备好之后，开始进行杂交制种和横交固定，形成专门化品系，在这个过程中针对体重、体型外貌、羽色、繁殖性能、肉用性能等性状进行选育，并通过测交和分子生物学辅助技术，对一些性状进行选择，最终形成体型外貌和生产性能都能稳定遗传的专门化品系。通过测定，获得各个专门化品系的生产性能指标，并根据育种需要设计不同的杂交组合，开展大规模的配合力测定。利用重复和扩大试验筛选和验证最优配套系杂交组合模式。最终，产品和相关饲养管理技术打包，进行配套系的中试推广应用。配套系选育技术路线见 82 页图 1。

（三）培育过程

第 1 阶段：引种 1998—2008 年

1998—2008 年先后购进快大花鸡、广西麻鸡、科宝鸡、广东麻黄鸡，经选择、闭锁繁育、组建家系。

第 2 阶段：纯系选育 1998—2011 年

快大花鸡公鸡选择麻黄羽、红冠、体质健壮、肌肉丰满；母鸡选择麻黄羽、冠红、体型较好；公母鸡皮肤、胫均为黄色。

通过利用引进的科宝父母代配套公鸡，与广西麻鸡中麻羽母鸡杂交，再横交后选留体型大、外观麻羽、黄胫、黄皮肤的个体，建立核心群，组建家系。

广东麻黄鸡公鸡选择麻黄羽、红冠、体质健壮、肌肉丰满；母鸡选择麻黄羽、冠红、体型较好；公母鸡皮肤、胫均为黄色。

第 3 阶段：配套杂交、配合力测定、中试，2011 年后

E 系♂×CL 系♀得正常型金陵花鸡商品代鸡。

（四）群体结构

2015 年广西金陵农牧集团有限公司父母代种鸡 16 万套，年孵化鸡苗 3 500 多万只。

（五）饲养管理

0 ～ 5 周龄育雏期：保温育雏从 34 ℃逐渐减至 25 ℃，0 ～ 28 d 用小鸡料、29 ～ 35 d 用中鸡料，自由采食。

6 ～ 22 周育成期：笼养，控制鸡舍光照时间 8 h；逐步过渡使用育成料，限制鸡体重增长，使鸡的体重、均匀度在标准范围内，达到适时一致开产。

23 ～ 66 周龄产蛋期：笼养，采用人工授精技术。23 周龄开始逐渐增加光照至产蛋高峰（29 周龄）15 ～ 16 h，以后恒定；使用种鸡料，对种鸡耗料量按产蛋水平进行调控管理，保证种鸡生产性能的正常发挥。要求 23 周龄见蛋，26 ～ 27 周产蛋率达 50 %，28 ～ 29 周龄进入产蛋高峰期（产蛋率达 70 % 以上）。

（六）参考免疫程序（表7和表8）

表7　父母代鸡免疫程序参考

日龄	疫苗种类	接种形式
1	CVI988	颈部皮下注射
1	MD	皮下注射
1	新支二联活苗	点右眼
8	H120+C30+28/86、ND油苗	点左眼、皮下注射
13、22	IBD	饮水
27	lasota、AI油苗	点右眼、左肌注
32	IC（K）	右肌注
37	ILT	点左眼
62	新支二联活苗、IB（K）	点右眼、左肌注
72	IC（K）	右肌注
82	ND油苗、AI油苗	左肌注、右肌注
108	H120+C30+28/86	点左眼
140	ND+IB+IBD+EDS（K）	右肌注
150	AI（K）	左肌注
158	lasota	点右眼
220	lasota	点左眼
280	lasota	点右眼

注：应根据实际情况和抗体监测结果灵活调整ND、AI的免疫接种时间。

表8　商品代鸡免疫程序参考

日龄	疫苗种类	剂量（头份）	使用方法
1	马立克	1.0	颈皮下注射
3	新支二联苗	1.0	滴眼、滴鼻
12	法氏囊	1.5	加脱脂奶粉饮水
15	禽流感油苗	1.0	皮下注射
30	新城疫Ⅰ系苗	1.2	肌内注射

注：免疫程序仅供参考，养殖户要根据本地疫病流行情况修订，活疫苗要求在45min内接种完，采用饮水免疫的疫苗不能用含消毒药的水免疫。

（七）培育单位概况

配套系第1完成单位广西金陵农牧集团有限公司位于南宁市西乡塘区金陵镇陆平村，距南宁市中心31km。公司前身南宁市金陵黄雄种鸡场，创办于1997年，现总注册资本金为2.2亿元，总占地面积为2 300亩；是一家集种鸡育种与肉鸡养殖、种猪繁育和肉猪养殖、饲料加工、有机肥料加工于一体的大型现代化农牧集团；是国家肉鸡产业技术体系南宁综合试验站、中国黄羽肉鸡行业二十强优秀企业、中国畜牧行业百强优秀企业、农业农村部肉鸡养殖标准化示范场、全国科普惠农兴村示范单位、广西农业产业化重点龙头企业、广西优良种鸡培育中心、广西无公害肉鸡养殖基地、广西重点种禽场、南宁市"菜篮子"工程建设基地、广西科技种养大王、通过 ISO9001:2008 质量管理体系认证企业。2015 年年末有科研、生产、推广服务方面各类专业技术人员 218 人，其中高级职称 3 人，中级职称 16 人，初级职称 47 人。中专学历技术人员 125 人，大专学历技术人员 56 人，本科学历技术人员 28 人，硕士研究生学历技术人员 9 人。

配套系第 2 完成单位广西金陵家禽育种有限公司是广西金陵农牧集团有限公司的全资子公司，主要负责公司地方鸡保种、开发利用工作和肉鸡配套系选育繁育工作。

配套系参加培育单位中国农业科学院北京畜牧兽医研究所隶属于农业农村部，是全国综合性畜牧科学研究机构，是国家昌平综合农业工程技术研究中心畜牧分中心和动物营养学国家重点开放实验室的依托单位。现有畜牧学一级学科博士授予权和动物遗传育种与繁殖、动物营养、饲料科学 3 个博士生培养点。家禽遗传育种学科是该所的传统优势学科，家禽遗传育种创新团队现有研究员 3 人，副研究员 2 人，助理研究员 2 人，科研辅助人员 4 人，全部具有硕士以上学历，其中博士 6 人。是国家"六五"至"十一五"国家支撑计划和863 支撑计划"优质黄羽肉鸡育种课题"技术攻关课题的主持单位，多年来一直对我国重要的地方品种资源北京油鸡进行保种和选育，培育了国家优质黄羽肉鸡新品种——京星黄鸡 100 和 102；制定了《黄羽肉鸡产品质量分级》（国标），《鸡饲养标准》（行标）和《北京油鸡标准》（行标）等重要的国家和行业标准，获授权 3 项"肉鸡制种方法"专利。主持多项肉鸡育种和品种推广类国家级课题，获国家级和省部级奖励 4 项。

配套系参加培育单位广西壮族自治区畜牧研究所，是集科研、生产及推广为一体的省级农业型科研所，设有养猪、养禽、黄牛、牧草、中心实验室五大研究室以及种猪场、种禽场、种牛场、种羊场和乳品加工厂等经济实体。研究所各类专业技术人员 160 多人，具有中高级职称的科技人员 50 多人，其家禽研究室近 10 多年来先后承担了"广西地方优良鸡品种繁育、改良""家禽优良品种健康养殖产业化技术研究示范""广西良种鸡选育研究""银香鸡健康生态养殖技术推广""优质型种鸡高效繁育、肉鸡规模化健康养殖关键技术研究、集成与示范""广西地方鸡活体基因库建设及种质资源创新利用""优质鸡高效健康养殖关键技术研究与应用示范""林下养鸡综合技术示范与生态评价""金陵花鸡、桂凤二号黄鸡选育与高效健康养殖示范""黑丝羽乌鸡选育技术应用示范""广西地方鸡种遗传多样性研究"等20多项研究课题；荣获省级科技成果二等奖1项、三等奖5项，市级一等奖1项，厅级二等奖2项、三等奖5项。

四、推广应用情况

金陵花鸡是我国西南地区和中部地区比较受欢迎的鸡品种之一，目前雏鸡销售区域除广西本区外，在云南、贵州、四川、重庆、湖南等省市均有销售，年产销雏鸡3 500多万只。

五、对品种（配套系）的评价和展望

金陵花鸡介于快大鸡与优质鸡之间，具有优良的繁殖性能和较快的生长速度，饲料报酬高，抗逆性强，同时兼具优质鸡的风味。金陵花鸡营养价值高、价格适中，经济效益高，其将成为两广甚至我国快餐行业的主要鸡肉来源，具有较好的发展前景（图1）。

图1　金陵花鸡配套系商品鸡

凤翔青脚麻鸡

一、一般情况

（一）品种（配套系）名称

凤翔青脚麻鸡：肉用型配套系。由A系（父本）、B系（母本父系）、C系（母本母系）组成的三系配套系。

（二）培育单位、培育年份、审定单位和审定时间

培育单位：广西凤翔集团畜禽食品有限公司；培育年份：1998—2010年；2011年3月通过国家畜禽遗传资源委员会审定，2011年5月农业部公告第1578号确定为新品种配套系，证书编号（农09）新品种证字第42号。

（三）产地与分布

种苗产地在广西合浦县，配套系商品代肉鸡饲养地分布在广西区内和云南、贵州、四川、重庆等省市。

二、培育品种（配套系）概况

（一）体型外貌

1. 各品系外貌特征

（1）A系

公鸡体型健壮，体躯长、硕大，头大高昂，单冠直立，冠齿6～9个，冠、耳叶及肉髯鲜红色；胸宽，背平，胸、腿肌发达，脚粗；羽色鲜亮，胸腹羽为红黄麻羽，鞍羽、背羽、翼羽等深红色，主翼羽和尾羽为黑色；喙栗色，胫部青色，皮肤白色。成年公鸡胫长11.3 cm。母鸡体型较大，黄麻羽，单冠，冠齿6～9个，冠、耳叶及肉髯鲜红色，喙为栗色，胫部为青色，皮肤为白色，胫长8.9 cm。

（2）B系

公鸡体型中等偏大。单冠直立，冠齿 6 ~ 9 个，冠、耳叶及肉髯紫红色；胸腿肌发达，胸宽背平；羽色光亮，颈羽偏金黄红色，背羽、鞍羽、翼羽、胸腹及腿羽为深红色，尾羽黑色；成年公鸡胫长 11.1 cm。皮肤白色，喙为栗色，胫色为青色。

母鸡体躯紧凑，腹部宽大，柔软，头部清秀，脚高身长，羽色为黄麻羽，单冠，冠峰 6 ~ 9 个，冠、耳叶及肉髯鲜红色，胫长 8.6 cm，喙为栗色，胫色为青色，皮肤为白色。

（3）C系

C系身稍长，胸腿肌丰满。隐性白羽，与有色羽鸡配套，后代均为有色羽鸡；单冠鲜红，冠齿 6 ~ 9 个，耳叶及肉髯鲜红色；喙、皮肤、胫色为黄色；成年公鸡胫长 11.2 cm，母鸡胫长 8.87 cm。

2. 父母代鸡外貌特征

父母代公鸡体型外貌与 A 系相同，母鸡与 B 系基本相同，体重稍大。

3. 商品代鸡外貌特征

凤翔青脚麻鸡单冠，冠齿 6 ~ 9 个，冠鲜红，片羽。公鸡羽色深红，母鸡麻羽，皮肤黄色，脚胫为青色。体型稍长，脚粗，胸腿肌丰满。

（二）体尺体重

成年父母代鸡体重体尺见表1。

表 1　父母代鸡（30 周龄）体重体尺测定（n=30）

性别	体重（g）	体斜长（cm）	胸宽（cm）	胸深（cm）	龙骨长（cm）	骨盆宽（cm）	胫长（cm）
公	3 864.90 ±186.72	31.89 ±0.44	10.56 ±0.42	13.87 ±0.44	15.53 ±0.23	12.52 ±0.35	12.00 ±0.34
母	2 889.90 ±129.06	24.29 ±0.33	9.96 ±0.36	11.75 ±0.28	13.98 ±0.31	10.34 ±0.28	9.76 ±0.16

（三）生产性能

1. 纯系生产性能

A 系、B 系、C 系主要生产性能见表2。

表2　配套系各纯系的主要生产性能情况

项目	生产性能水平		
	A系	B系	C系
0～24周龄成活率（%）	94	94	94
25～66周龄成活率（%）	92	92	92
开产日龄（d）	170～175	168～175	180～185
5%开产周龄体重（g）	2 550～2 650	2 350～2 450	2 400～2 500
43周龄体重（g）	3 230～3 400	3 100～3 200	3 100～3 200
50%产蛋周龄（周）	28	26	28
高峰产蛋率（%）	75	78	78
66周入舍鸡（HH）产蛋量（个）	130～140	155～160	160～170
43周龄平均蛋重（g）	59	57	58
种蛋合格率（%）	92～94	92～94	92～94
种蛋受精率（%）	93～95	93～95	93～95
入孵蛋孵化率（%）	87～88	87～88	87～88
0～24周龄耗料量（kg）	13.8	11.8	11.8
产蛋期日采食量（g）	137.4	136.9	137.3

2. 父母代种鸡生产性能

父母代种鸡主要生产性能见表3。

表3　父母代种鸡主要生产性能

项目	生产性能
0～24周龄成活率（%）	94
25～66周龄成活率（%）	92
5%开产日龄（d）	168～175
5%开产周龄体重（g）	2 450～2 550
43周龄体重（g）	3 165～3 265
50%产蛋周龄（周）	27
高峰产蛋率（%）	81
66周入舍鸡（HH）产蛋量（个）	155～165
43周平均蛋重（g）	59
种蛋合格率（%）	92～94
种蛋受精率（%）	93～95
入孵蛋孵化率（%）	87～88
0～24周龄耗料量（kg）	13.1
产蛋期日采食量（g）	140.6

3. 商品代肉鸡生产性能

商品代肉鸡生产性能如表4所示。

表4 商品代鸡生产性能

项目	公鸡		母鸡	
出栏日龄（d）	56	70 ~ 75	56	70 ~ 75
公母出栏体重（g）	1 900 ~ 2 000	2 350 ~ 2 550	1 500 ~ 1 600	1 900 ~ 2 050
体重变异系数（%）	8.5 ~ 9.5	8.5 ~ 9.5	9 ~ 10	9 ~ 10
成活率（%）	96	95	96	95
公母平均饲料转化率	（2.1 ~ 2.3）：1（56 日龄）/（2.6 ~ 2.8）：1（70 ~ 75 日龄）			

企业自测与国家测定商品代生产性能对照如表5所示。

表5 商品代生产性能对照

项目	企业测定结果			国家家禽测定站测定结果		
	公鸡	母鸡	平均	公鸡	母鸡	平均
出栏日龄（d）	56	56	56	56	56	56
体重（g）	2 001±175	1 591±130	1 796	2 109.0±178.9	1 649.8±164.1	1 879.4
饲料转化比	2.01：1	2.41：1	2.21：1	—	—	2.19：1

（四）屠宰性能和肉质性能

56 日龄凤翔青脚麻鸡商品代肉鸡公母鸡，屠宰测定及肉质检测结果见表6和表7。

表6 商品代屠宰测定及肉质测定结果

项目	公鸡	母鸡	平均
鸡数（只）	30	30	—
宰前体重（g）	2 052.10±195.30	1 605.31±111.13	1 828.70
屠宰率（%）	90.24±0.95	90.01±1.49	90.13
半净膛率（%）	82.03±1.62	82.88±1.07	82.45
全净膛率（%）	65.65±1.64	65.54±1.74	65.60
腹脂率（%）	3.10±1.03	4.04±1.06	3.57
胸肌率（%）	17.05±1.66	17.99±1.89	17.52
腿肌率（%）	26.63±2.18	25.18±1.76	25.90
水分（%）	73.0	73.5	73.3
肌苷酸（mg/kg）	3 590	4 520	4 055
氨基酸（%）	21.37	20.86	21.12
总脂肪（%）	0.01	0.08	0.05

表7 国家家禽生产性能测定站测定鸡屠宰性能

日龄(d)	性别	数量（只）	屠宰率（%）	腿肌率（%）	胸肌率（%）	腹脂率（%）
56	公	9	90.2±1.1	26.1±1.0	17.3±1.7	3.0±1.0
56	母	9	88.9±1.4	26.0±1.6	18.8±2.4	3.9±1.6

（五）营养需要

凤翔青脚麻鸡配套系祖代、父母代种鸡营养需要见表8，商品代肉鸡营养需要见表9。

表8 种鸡营养需要

编号	小鸡料	中鸡料	后备料	预产料	高峰料	高峰后料	后期料
使用时间	0～5周龄	6～11周龄	12～19周龄	20～25周龄	26～37周龄	38～50周龄	51周龄至淘汰
蛋白质（%）	19.6	16.2	11.6	16.2	17.1	16.1	15.8
能量	2 880	2 780	2 130	2 760	2 700	2 640	2 590
蛋能比	68.1	58.3	54.5	58.7	63.3	61.0	61.0
赖氨酸（%）	1.00	0.85	0.61	0.83	0.88	0.85	0.83
蛋氨酸（%）	0.47	0.35	0.30	0.39	0.42	0.42	0.40
有效磷（%）	0.45	0.42	0.4	0.37	0.37	0.37	0.37
钙（%）	1.0	1.2	0.9	1.8	2.7	3.0	3.1

表9 商品代肉鸡营养需要

项目	小鸡料（1～30d）	中鸡料（31～50d）	大鸡料（51d至出栏）
代谢能（kJ/kg）	12 139.4	12 558.0	12 976.6
粗蛋白质（%）	20.0～21.0	18.0～19.0	16.5
赖氨酸（%）	1.10	0.90	0.80
蛋氨酸（%）	0.60	0.55	0.55
粗纤维（%）	5.0	5.0	5.0
粗灰分（%）	7.5	7.5	7.5
钙（%）	1.0	0.9	0.8
总磷（%）	0.60	0.55	0.55

三、培育技术工作情况

（一）育种素材及来源

1. A系

来源于1998年从南京佳禾氏家禽育种公司引进超速黄鸡和2001年从上海

华青祖代鸡场引入的华青青脚鸡。

2001—2004 年，采用杂交、回交、横交固定，闭锁繁育。

华青青脚鸡♂（白肤，青胫） × 超速黄鸡♀（黄肤，黄胫）

$$\downarrow$$

华青青脚鸡♂（白肤，青胫）× F_1♀（白肤，青胫）

$$\downarrow$$

F_2♂♀（白肤，青胫，A 系基础群）

从 F_2 中选择优良个体进行闭锁繁殖，2004 年建立核心群。

2. B 系

来源于 1998 年从南京佳禾氏家禽育种公司引进超速黄鸡和 2001 年从福建省永安市融燕禽业饲料有限公司引入的永安麻鸡。

2001—2004 年，采用杂交、回交、横交固定，闭锁繁育。

永安麻鸡♂（白肤，青胫） × 超速黄鸡♀（黄肤，黄胫）

$$\downarrow$$

永安麻鸡♂（白肤，青胫）× F_1♀（白肤，青胫）

$$\downarrow$$

F_2♂♀（白肤，青胫，B 系基础群）

从 F_2 中选择优良个体进行闭锁繁殖，2004 年建立核心群。

3. C 系

采用闭锁群家系选育法培育 C 系。1999 年引进 K2700 隐性白育种素材作为基础群，继代繁殖并建立核心群，于 2004 年建立家系。

（二）技术路线

1. 配套系组成

凤翔青脚麻鸡配套系属三系配套系。该配套系以 A 系为父本，以 B 系为母本父系，C 系为母本母系，向市场提供凤翔青脚麻鸡父母代种鸡和商品代肉鸡。

2. 配套模式

凤翔青脚麻鸡配套系配套模式如下。

祖代： A♂×A♀ B♂ × C♀

　　　　　　　　↓（青脚白肤）↓（黄脚黄肤）

父母代：　　　A ♂　×　B・C ♀

　　　　　　（白肤青脚）↓（母鸡白肤青脚、公鸡黄脚黄皮淘汰）

商品代：　　　A・BC（凤翔青脚麻鸡）

3. 选育技术路线

为获得生产性能好，体型外貌符合市场要求的配套品系，广西凤翔集团畜禽食品有限公司采用专门化品系育种方法，培育配套的各个品系。育种素材来源于我国优质鸡生产企业，引进后经过性能测定，进行杂交→横交固定→基础群→家系选育的专门品系培育方法育成新品系。其中父系注重选择生长速度，母系注重选择产蛋性能。

（三）培育过程

根据市场要求，从 1999 年起，公司开始进行适合市场的青脚鸡培育工作，1998—2001 年分别从全国各地引进育种素材，包括快长型黄鸡、隐性白、青脚鸡等，通过杂交和横交固定后，2005 年前后建立家系，开展了专门化品系的培育，分别选育成了 B（SQ1）、A（SQ2）等 8 个品系，经过了 5 个世代的选育，通过杂交试验、配合力测定和中间试验等形成了现有的凤翔青脚麻鸡配套系。育种过程中的基本选育程序如下。

1. 按系谱收集种蛋及孵化

通过家系选择后的核心群组建家系 40 个以上，采用家系人工授精，在每只种蛋上标注母鸡号，系谱孵化和出雏，带翅号、称重，并记录个体特殊外型的个体，淘汰体弱和体型外貌不符合选育要求的个体。

2. 根据 8 周龄称重及羽色等外形特征选择

公鸡选择高于群体平均体重以上的 20% 左右个体留种，在此基础上，根据羽色、脚色及发育的鉴定，将其中的优秀个体留种，选留率约 10%；母鸡选择高于平均重以上的个体留种，在此基础上，同样根据羽色、脚色及发育的鉴定，将其中的优秀个体留种，选留率约 30%，即独立淘汰。

3.22 周龄前后上笼时进行第三次选种

根据鸡冠的发育及体型外貌的选择，淘汰率约 5%。22 周龄上笼后制定笼号与翅号的对照表，以便系谱选种进行。从开产到 66 周龄进行产蛋鸡的个体产蛋记录，分别按照个体和家系进行产蛋记录和统计。并进行同胞测定，计算公鸡的产蛋遗传性能。

4. 公鸡的选种按照系谱与同胞成绩进行留种

通常是在产蛋性能前约 15 名的家系中选留公鸡，对综合性能特别优秀的 5 ～ 8 个家系，选留 3 只以上公鸡组建下一世代，其他品系选留 1 ～ 2 只公鸡。对选留的公鸡进行采精和精液质量的检查，最终确定选留个体。

5. 产蛋期的选种按照家系选择与个体选择相结合的方法选种

具体的方法是按照家系平均产蛋成绩进行排序，选择约 15 个家系产蛋量高，蛋型符合种用要求、产蛋数接近平均值的家系的母鸡个体进入核心群。排序在 16 名以下的家系中，将产蛋量达到平均值以上的母鸡个体进入核心群留种。

（四）饲养管理

1. 雏鸡管理

（1）进雏前的准备工作

栏舍提前冲洗晾干、闲置时间至少 2 周。

栏舍用 2 种以上的消毒药交叉反复消毒。

进雏前 2 d 将所有清洗干净的一切用具放入栏舍，然后将栏舍各门窗密封，用福尔马林 40 mL/m^3 + 高锰酸钾 20 g/m^3 熏蒸 24 h，开窗排除甲醛气味，方可进雏鸡。

在进鸡前将温室预温至 34℃ 左右，后根据鸡群情况再进行调节。

（2）供温

不同周龄施温：1 周 32 ～ 34℃，2 周 29 ～ 32℃，3 周 26 ～ 29℃，4 周 23 ～ 26℃。以后每周下降 2 ～ 3℃，直至常温。

（3）饲喂管理

①要有充足的饮、食具。饲喂好头 3 d 的雏鸡，是决定今后鸡群生长发育的关键。进鸡后先饮后喂，要有足够的饮水器，一般要求头 3 d 3 ～ 4 只 /100 只雏鸡，以后可减少到 2 ～ 3 只，且要分布均匀，间隔距离不宜远，一般为 50 ～ 60 cm，让雏鸡随意都可饮到水，防止早期脱水造成死亡或影响今后生长

发育，同样料具也要充足。

②饲喂方法。鸡一进栏，马上供给干净清洁的饮水让鸡饮用，2～3 h 后才供给饲料；饮水中添加多种维生素、维生素 C、开食补盐及抗生素。饲料用药水拌微湿（抓成团，放能散开）后，散在料盘饲喂，第一周内：料每 3～4 h 投喂 1 次，避免饲料浪费。水每 4～5 h 添加 1 次，避免高温下药效损失。原则上少喂勤添。

鸡群进栏，加完水料后，要注意观察检查鸡群，发现走动迟缓，精神不好，不懂饮水食料的雏鸡，要挑出放在温度偏高通风良好的地方用人工进行滴喂药水，防止部分弱鸡因不能饮水而脱水死亡。

（4）通风换气

空气是鸡群发育健康的根本，要经常保持栏舍内的空气清新，充足的氧气及适宜湿度。在日常管理中常出现的困难，取得温度，失去通风，往往造成一氧化碳、二氧化碳、硫化氢、氨气等有害气体中毒，在这个情况下必须加高温度，采用断续性短时间开窗换气，直到空气新鲜为止，一般情况进风口和出风口的比例为 2 : 1。

（5）光照使用

光照的功能，既能刺激食欲也能刺激性成熟，但过强会造成啄肛、啄毛，1～7 d 采用 23 h 光照然后每天减少 1 h，直到保持恒定 14～16 h，即 6：00 开灯，20：00—22：00 关灯。

（6）平面育雏垫料管理

垫料可选用禾草、刨花、谷壳、木糠等。但在 1 周龄内建议不用木糠，因为木糠细，幼雏鸡易食入嗉囊，导致消化不良。无论使用哪种垫料必须干燥新鲜，不能发霉，要勤换垫料。

（7）断喙

为了减少饲料浪费，鸡群打斗、啄毛，建议 7～10 d 断喙，烙去上 1/2，下 1/3，断喙前后 2 d 补充维生素 K_3 和多种维生素抗应激药，加速伤口愈合。

（8）密度

小鸡 30 只 /m²（35d 内），成鸡 15 只 /m²（平养或网上平养）。

2. 育雏育成鸡的饲养管理

此阶段鸡食料多、生长快，不能缺水料，而缺水比缺料的危害更大，要保证足够的饮水和食料位置。

保持栏内的清洁卫生，空气清新，尽量避免应激。

经常观察鸡群，发现有异常情况要报告技术人员处理。如鸡群咳嗽、怪叫、粪便稀白色、青绿色、红色、采食下降，鸡群精神面貌不佳等不正常的情况。

要注意防治球虫、大肠杆菌等常见病，注意饮水及饲料清洁卫生，每周带体消毒 1 ~ 2 次。

上市前 20 d 最好采取喂湿料，因为喂湿料鸡食料多长速快，羽毛紧贴、光滑。

3. 科学免疫、用药

（1）免疫程序

青椒麻鸡免疫程序见表 10，仅供参考，养殖户要根据本地实际疫情流行及季节作变更或自行制定。

表 10　青脚麻鸡免疫程序

日龄	疫苗名称	接种方式	剂量（头份）	备注
2 ~ 3	Ⅱ系或 Lasota	点眼	2.0	无肾型传支鸡场采用
	克隆$_{30}$+H$_{120}$+2886	点眼	1.0	有肾型传支鸡场采用
14	法倍灵	饮水	1.0	添加 0.1% ~ 0.2% 的脱脂奶粉
18	ND+ 禽流感油苗	肌注	1.0	
	新支二联	点眼	1.5	
26	禽流感油苗	肌注	1.0	
40	ND 油苗	肌注	1.0	
	Ⅱ系或 Lasota	点眼	2.0	

（2）预防用药方法

①进雏头 3 ~ 5 d 用抗白痢、霉形体的高敏药物将体内的白痢杆菌、霉形体彻底清除，根据凤翔公司化验室提供的处方进行用药。

②进行各种疫苗接种时，应在免疫前后 1 d 在饮水中添加抗霉形体、白痢、大肠杆菌的高敏药及鱼肝油、维生素、免疫增效剂（如增益素等），增强鸡体免疫力，减少应激。

③天气突变，转栏前后 2 ~ 3 d 都应添加抗霉形体、大肠杆菌的药物及多种维生素。

（五）培育单位概况

广西凤翔集团畜禽食品有限公司创始于1985年，现发展成为集畜禽养殖、饲料生产、畜禽产品深加工和销售运作为一体的集团公司。目前在广西、广东、云南、贵州、重庆、四川等地拥有一个畜禽产品深加工企业、10个种鸡场、7个鸡苗孵化厂、1个瘦肉型猪祖代扩繁场、两个饲料生产基地，5个无公害优质肉鸡生产基地，总占地面积2 000亩。具有年产种苗1亿只，肉鸡3 000万只，肉猪3万头，饲料20万t，猪肉11万t，鸡肉1.3万t的生产规模。集团拥有丰富的中国黄鸡育种基因库和地方纯种土鸡育种素材，是国家农业产业化重点龙头企业、自治区重点种禽场、健康种禽场和无公害肉鸡养殖基地。公司有员工2 000多人，其中具有高、中级技术职称或大、中专学历的专业人员500多人。

四、推广应用情况

凤翔青脚麻鸡都是边选育边应用推广的，2006—2009年，在广西为主的华南、大西南地区中试父母代鸡10万套，商品代鸡4 000万只。由于不断根据客户意见及市场需求进行改良，受到养殖户欢迎。总结如下。

第一，凤翔青脚麻鸡易养，羽毛紧贴，羽色金黄带麻，性成熟早出栏快。成活率高，均匀度好，饲养效益高。客户饲养凤翔青脚麻鸡，正常情况下平均每只鸡赚2.5～3元，市场好时赚4元/只。

第二，凤翔青脚麻鸡主要销售地是广西区内和云贵川等地。现年种苗产销量1 600万只。

第三，公司推行"协会＋公司＋基地＋农户＋市场"的产业化经营模式，形成产供销一条龙的服务体系，引导、带动、扶持的农户从事专业养殖超过2 000户。

五、对品种（配套系）的评价和展望

凤翔青脚麻鸡配套系是应用杂种遗传力理论培育成的快大鸡配套系，具有地方鸡种的羽色、胫色、肉品质和适应性，基本保留了快大鸡种的生长速度和繁殖性能，目前在云贵川的市场上与国内同类品种相比，在生产性能、繁殖性能和体型外貌等方面表现有较大的优势，是最受欢迎的配套系，商品代销售量逐年增加，而且市场还在不断扩大（图1）。

图 1　凤翔青脚麻鸡配套系商品鸡

凤翔乌鸡

一、一般情况

（一）品种（配套系）名称

凤翔乌鸡：肉用型配套系。由 A 系（父本）、B 系（母本父系）、C 系（母本母系）组成的三系配套系。

（二）培育单位、培育年份、审定单位和审定时间

培育单位：广西凤翔集团畜禽食品有限公司；培育年份：1999—2010 年；2011 年 3 月通过国家畜禽遗传资源委员会审定，2011 年 5 月农业部公告第1578 号确定为新品种配套系，证书编号（农 09）新品种证字第 43 号。

（三）产地与分布

种苗产地在广西壮族自治区合浦县，配套系商品代肉鸡饲养地分布在广西、云南、贵州、四川、重庆等省市。

二、培育品种（配套系）概况

（一）体型外貌

1. 各品系外貌特征

（1）A 系

公鸡体型健壮，体躯长、硕大，头颈粗大高昂，冠厚挺立，单冠直立，冠齿 6～9 个，冠、耳叶及肉髯紫红色；胸宽，背平，胸、腿肌发达，脚粗大。鞍羽、背羽、翼羽、胸腹腿等部为深红羽色，主翼羽和尾羽为黑色。成年公鸡胫长 11.2 cm，喙、皮肤及胫色为黑色。母鸡体型相比 B 系母鸡稍大，羽色为黄麻羽。单冠，冠齿 6～9 个，冠、耳叶及肉髯紫黑或紫红色。胫长 8.7 cm，

喙、皮肤、胫色为青色。

（2）B系

公鸡体型中等偏大。单冠直立，冠齿6～9个，冠、耳叶及肉髯紫红色。胸、腿肌发达，胸宽背平。羽色光亮，颈羽、翼羽、鞍羽、胸腹部羽等为深红色，尾羽多为深黑色。成年公鸡胫长11 cm，喙、皮肤及胫色为青色。

母鸡体躯紧凑，腹部宽大，柔软，头部较清秀，脚高，身长。羽色为黄麻羽，尾羽黑色。单冠，冠齿6～9个，冠、耳叶及肉髯紫红色。胫长8.5 cm，喙、皮肤、胫色为青色。

（3）C系

C系为隐性白羽，白色羽与显性有色羽鸡配套后代均表现为有色羽鸡的毛色。单冠鲜红，冠齿6～9个，耳叶及肉髯鲜红色。喙、皮肤、胫色为黄色；身稍长，胸腿肌丰满。成年公鸡胫长11.2 cm，母鸡胫长8.87 cm。

2. 父母代鸡外貌特征

父母代公鸡体型外貌与A系相同，母鸡与B系基本相同，体重稍大。

3. 商品代鸡外貌特征

配套后的凤翔乌鸡保持了原乌鸡的乌肉特性，单冠，冠齿6～9个，冠紫红。公鸡羽色深红，母鸡麻羽。喙、皮肤、脚胫均为乌黑色。体型稍长，脚粗，胸腿肌丰满。雏鸡腹部为黄色，头部、背部绒羽为褐黑色，有条斑（图1）。

图1　凤翔乌鸡配套系商品鸡

（二）体尺体重

成年父母代鸡体重体尺见表1。

表1 父母代鸡（30周龄）体重体尺测定（*n*=30）

性别	体重（g）	体斜长（cm）	胸宽（cm）	胸深（cm）	龙骨长（cm）	骨盆宽（cm）	胫长（cm）
公	3 850 ±301	29.10 ±0.20	10.95 ±0.41	13.80 ±0.40	15.53 ±0.29	12.40 ±0.28	11.20 ±0.24
母	2 911 ±202	22.50 ±0.15	9.90 ±0.21	11.50 ±0.27	13.80 ±0.20	10.10 ±0.19	8.70 ±0.12

（三）生产性能

1. 纯系生产性能

A系、B系、C系主要生产性能见表2。

表2 配套系各纯系的主要生产性能情况

项目	性能标准		
	A系	B系	C系
0～24周龄成活率（%）	94	94	94
25～66周龄成活率（%）	92	92	92
开产日龄（d）	170～175	170～175	180～185
5%开产周龄体重（g）	2 550～2 650	2 300～2 400	2 400～2 500
43周龄体重（g）	3 240～3 400	3 000～3 100	3 100～3 200
50%产蛋周龄（周）	28	27	28
高峰产蛋率（%）	72	76	78
66周入舍鸡（HH）产蛋量（个）	130～140	140～150	160～170
43周龄平均蛋重（g）	60	57	58
种蛋合格率（%）	92～94	92～94	92～94
种蛋受精率（%）	93～95	93～95	93～95
入孵蛋孵化率（%）	87～88	87～88	87～88
0～24周龄耗料量（kg）	13.6	11.6	11.8
产蛋期日采食量（g）	137.8	133.0	137.3

2. 父母代种鸡生产性能

父母代种鸡主要生产性能见表3。

表3　父母代种鸡主要生产性能

项目	生产性能
0～24周龄成活率（%）	94
25～66周龄成活率（%）	92
5%开产日龄（d）	175～180
5%开产周龄体重（g）	2 400～2 550
43周龄体重（g）	3 175～3 275
50%产蛋周龄（周）	28
高峰产蛋率（%）	75
66周入舍鸡（HH）产蛋量（个）	145～155
43周平均蛋重（g）	60
种蛋合格率（%）	92～94
种蛋受精率（%）	93～95
入孵蛋孵化率（%）	87～88
0～24周龄耗料量（kg）	13.8
产蛋期日采食量（g）	139.3

3. 商品代肉鸡生产性能

商品代肉鸡生产性能见表4。

表4　商品代鸡生产性能

项目	公鸡		母鸡	
出栏日龄（d）	56	70～75	56	70～75
公母出栏体重（g）	1 950～2 050	2 400～2 600	1 550～1 650	1 900～2 100
体重变异系数（%）	8.5～9.5	8.5～9.5	9～10	9～10
成活率（%）	96	95	96	95
公母平均饲料转化率	（2.1～2.3）：1（56 d）/（2.6～2.8）：1（70～75 d）			

企业自测与国家测定商品代生产性能对照见表5。

表5　商品代生产性能对照

项目	企业测定结果			农业农村部家禽品质监督检验测试中心（扬州）测定结果		
	公鸡	母鸡	平均	公鸡	母鸡	平均
出栏日龄（d）	56	56	56	56	56	56
体重（g）	2 145±183	1 702±151	1 796	2 197.6±197.5	1 788.0±170.9	1 992.8
饲料转化比	1.93：1	2.35：1	2.20：1	—	—	2.14：1

（四）屠宰性能和肉质性能

56 日龄凤翔乌鸡商品代肉鸡公母鸡，屠宰测定及肉质检测结果见表 6 和表 7。

表 6 商品代屠宰测定及肉质测定结果

项目	公鸡	母鸡	平均
数量（只）	30	30	
宰前体重（g）	2 102.20±201.31	1 680.61±91.12	1 846.40
屠宰率（%）	90.71±0.92	90.03±1.39	90.37
半净膛率（%）	83.05±1.53	82.67±1.09	82.86
全净膛率（%）	66.60±1.55	66.23±1.56	66.42
腹脂率（%）	3.10±1.01	4.54±1.16	3.82
胸肌率（%）	17.01±1.65	17.72±1.81	17.37
腿肌率（%）	24.64±2.19	25.11±1.70	24.88
水分（%）	73.7	73.9	72.9
肌苷酸（mg/kg）	442.0	425.0	433.5
氨基酸（%）	19.18	19.72	19.45
总脂肪（%）	0.04	0.04	0.04

表 7 国家家禽生产性能测定站测定鸡屠宰性能

日龄（d）	性别	数量（只）	屠宰率（%）	腿肌率（%）	胸肌率（%）	腹脂率（%）
56	公	9	90.8±1.1	25.9±2.0	16.9±1.1	2.5±0.8
56	母	9	90.4±0.8	26.5±1.5	17.5±1.5	4.4±0.9

（五）营养需要

凤翔乌鸡配套系祖代、父母代种鸡营养需要见表 8，商品代肉鸡营养需要见表 9。

表 8 种鸡营养需要

编号	小鸡料	中鸡料	后备料	预产料	高峰料	高峰后料	后期料
使用时间	0~5 周龄	6~11 周龄	12~19 周龄	20~25 周龄	26~37 周龄	38~50 周龄	51 周龄至淘汰
蛋白质（%）	19.6	16.2	11.6	16.2	17.1	16.1	15.8
能量	2 880	2 780	2 130	2 760	2 700	2 640	2 590
蛋能比	68.1	58.3	54.5	58.7	63.3	61	61.0
赖氨酸（%）	1.0	0.85	0.61	0.83	0.88	0.85	0.83
蛋氨酸（%）	0.47	0.35	0.30	0.39	0.42	0.42	0.4
有效磷（%）	0.45	0.42	0.4	0.37	0.37	0.37	0.37
钙（%）	1.0	1.2	0.9	1.8	2.7	3	3.1

表9 商品代肉鸡营养需要

项目	小鸡料 （1 ~ 30 d）	中鸡料 （31 ~ 50 d）	大鸡料 （51 d 至出栏）
代谢能（kJ/kg）	12 139.4	12 558	12 976.6
粗蛋白质（%）	20 ~ 21	18 ~ 19	16.5
赖氨酸（%）	1.1	0.9	0.80
蛋氨酸（%）	0.6	0.55	0.55
粗纤维（%）	5.0	5.0	5.0
粗灰分（%）	7.5	7.5	7.5
钙（%）	1.0	0.9	0.8
总磷（%）	0.60	0.55	0.55

三、培育技术工作情况

（一）育种素材及来源

1. A 系

来源于 1997 年从湖南靖州县引进的乌鸡和 1998 年从南京佳禾氏家禽育种公司引进的超速黄鸡。

2001—2004 年，采用杂交、回交、横交固定，闭锁繁育。

湖南靖州乌鸡♂（乌肤，青胫）× 超速黄鸡♀（黄肤，黄胫）

↓

湖南靖州乌鸡♂（乌肤，青胫）× F_1♀（乌肤，青胫，含乌皮基因）

↓

F_2♂♀（乌肤，青胫，A 系基础群）

从 F_2 中选择优良个体进行闭锁繁殖，2004 年建立核心群。

2. B 系

来源于 1997 年从广西灵川县引进的广西乌鸡和 1998 年从南京佳禾氏家禽育种公司引进的超速黄鸡。

2001—2004 年，采用杂交、回交、横交固定，闭锁繁育。

广西乌鸡♂（乌肤，青胫）× 超速黄鸡♀（黄肤，黄胫）

↓

广西乌鸡♂（乌肤，青胫）× F_1♀（乌肤，青胫，含乌皮基因）

↓

F_2 ♂♀（乌肤，青胫，B 系基础群）

从 F_2 中选择优良个体进行闭锁繁殖，2004 年建立核心群。

3. C 系

采用闭锁群家系选育法培育 C 系。1999 年引进 K2700 隐性白育种素材作为基础群，继代繁殖并建立核心群，于 2004 年建立家系。

（二）技术路线

1. 配套系组成

凤翔乌鸡配套系属三系配套系，以快长型乌鸡 A 系为父本，中速型乌鸡 B 系为母本父系，隐性白羽鸡 C 系为母本母系，向市场提供凤翔乌鸡配套系父母代种鸡和商品代肉鸡。

2. 配套模式

凤翔乌鸡配套系配套模式如下。

祖代：　　A♂ ×A♀　　B♂　×　C♀

　　　　　　↓（乌肤青胫）　↓（黄脚黄肤）

父母代：　　A♂　　×　　　B·C♀

　　　　（乌肤青脚）↓（母鸡乌肤青胫、公鸡黄脚黄皮淘汰）

商品代：　　　　A·BC（凤翔乌鸡）

（三）培育过程

根据市场要求，从 1999 年起，公司开始进行适合市场需要的青脚鸡培育工作，1997—1999 年分别从全国各地引进育种素材，包括快长型黄鸡、隐性白、乌皮青脚鸡等，通过杂交和横交固定后，2005 年前后建立家系，开展了专门化品系的培育，分别选育成了 B（SW1）、A（SW2）等 8 个品系，至今已经开展了 6 个世代的选育工作。通过杂交试验、配合力测定和中间试验等形成了现有的凤翔乌鸡配套系。育种过程中的基本选育程序同书中 110~111 页凤翔青脚麻鸡选育程序。

四、推广应用情况

凤翔乌鸡都是边选育边应用推广的，2006—2009 年，在广西及西南等地区中试父母代鸡 10 万套，商品代鸡 3 000 万只。由于不断根据客户意见及市场需求进行改良，受到养殖户欢迎。与同类产品相比，凤翔乌鸡有较强的竞争力，主要表现在凤翔乌鸡生长速度快，个体大，乌度好，抗病力强，质量稳定，信誉好，苗价高，不足的是性成熟稍差。

五、对品种（配套系）的评价和展望

在纯乌度、抗病力、成活率、早期生长速度、肉质风味等指标的综合水平处于国内领先地位，目前凤翔乌鸡在云贵川的市场上与国内同类品种在生产性能、繁殖性能和体型外貌等方面表现有较大的优势，综合排名较好，广受客户的欢迎，商品代销售量逐年增加，而且市场还在不断扩大。

桂凤二号黄鸡

一、一般情况

（一）品种（配套系）名称

桂凤二号黄鸡：肉用型配套品系。由 B 系为父本，X 系为母本配套生产的二系配套系。

（二）培育单位、培育年份、审定单位和审定时间

培育单位：广西春茂农牧集团有限公司和广西壮族自治区畜牧研究所共同培育；培育年份：2006—2014 年；2014 年 8 月通过国家畜禽遗传资源委员会审定，12 月农业部公告第 2184 号确定为新品种配套系，证书编号（农 09）新品种证字第 59 号。

（三）产地与分布

父母代主要养殖地和种苗产地在玉林市兴业县的小平山镇和大平山镇。商品代中试地为自治区内的玉林市兴业县、陆川县，柳州市，南宁市，来宾市。

二、培育品种（配套系）概况

（一）体型外貌

配套系以 B 系为父本，X 系为母本生产"桂凤二号黄鸡"配套系商品代。

B 系：体型中等，胸较宽；单冠直立，冠齿 5 ~ 8 个，颜色鲜红，较大；肉垂鲜红；虹彩、耳叶红色；喙、胫、皮肤黄色。成年公鸡头部、颈部、腹部羽毛金黄色，背部羽毛酱黄色、尾羽黑色。成年母鸡颈羽、尾羽、主翼羽、背羽、鞍羽、腹羽均为金黄色，尾部末端的羽毛为黑色。雏鸡黄羽比例 99.5% 以上。

X 系：体型较小、紧凑；冠、肉垂、耳叶鲜红色，冠齿 5 ~ 8 个；喙、皮

肤、胫均为黄色；胫矮细；成年公鸡头部、颈部、腹部羽毛黄色，背部羽毛金黄色，尾羽黑色；成年母鸡颈羽、尾羽、主翼羽、背羽、鞍羽、腹羽均为浅黄色，尾部末端的羽毛为黑色。雏鸡黄羽比例99.2%以上。

商品代：公鸡羽毛金黄色；喙、胫、皮肤黄色。母鸡羽毛淡黄色；喙、胫、皮肤为黄色，胫细短。

（二）体尺体重

成年桂凤二号黄鸡配套系体尺、体重见表1。

表1 成年桂凤二号黄鸡配套系体尺、体重（n=30）

项目	父母代父系公鸡（B系）	父母代父系母鸡（B系）	父母代母系公鸡（X系）	父母代母系母鸡（X系）
体斜长（cm）	20.50±0.98	18.30±0.88	20.10±0.88	18.30±0.80
胸宽（cm）	8.48±0.43	5.80±0.28	8.34±0.44	5.50±0.30
胸深（cm）	11.60±0.66	7.70±0.34	11.20±0.58	7.20±0.32
龙骨长（cm）	11.80±0.68	9.20±0.52	10.50±0.67	9.20±0.53
骨盆宽（cm）	10.10±0.47	7.10±0.35	9.0±0.50	6.90±0.35
胫长（cm）	8.15±0.50	6.9±0.18	7.86±0.49	6.36±0.33
胫围（cm）	4.73±0.37	3.68±0.13	4.48±0.35	3.60±0.12
体重（g）	2 520±167	1 805±108	—	1 525±91

（三）生产性能

1. 纯系生产性能

配套系以B系为父本，X系为母本生产桂凤二号黄鸡配套系商品代。配套系纯系主要生产性能指标见表2。

表2 桂凤二号黄鸡配套系纯系生产性能

项　　目	生产性能	
	X系	B系
5%产蛋率日龄（d）	125	125
56周龄饲养日母鸡产蛋数（个）	156.7	130.5
66周龄饲养日母鸡产蛋数（个）	178.5	160.3
66周龄入舍母鸡产蛋数（个）	173.0	156.1
66周龄入舍母鸡合格种蛋数（个）	168.4	146.5
66周龄饲养日母鸡合格种蛋数（个）	164.6	150.7
（0～20）周龄成活率（%）	97.0	96.7
（21～66）周龄成活率（%）	94.7	96.4

（续表）

项　目	生产性能	
	X 系	B 系
（0 ～ 20）周龄只耗料（kg）	5. 23	5. 52
（21 ～ 66）周龄只耗料（kg）	22. 80	25. 90
种蛋受精率（%）	93. 35	94. 70
受精蛋孵化率（%）	90. 60	93. 80
母鸡 20 周龄体重（g）	1 305. 0	1 604. 0
母鸡 44 周龄体重（g）	1 567. 0	1 780. 0
母鸡 66 周龄体重（g）	1 669. 0	1 850. 0

注：数据来源于广西春茂农牧集团有限公司育种中心 4 世代、5 世代、6 世代的平均数。

2. 父母代种鸡生产性能

桂凤二号黄鸡配套系父母代生产性能见表 3。

表 3　桂凤二号黄鸡配套系父母代生产性能

项　目	指　标
5 % 产蛋率日龄（d）	125
66 周龄入舍母鸡产蛋数（个）	175. 0
66 周龄饲养日母鸡产蛋数（个）	180. 1
66 周龄入舍母鸡合格种蛋数（个）	168. 2
66 周龄饲养日母鸡合格种蛋数（个）	169. 3
（0 ～ 20）周龄成活率（%）	97. 20
（21 ～ 66）周龄成活率（%）	95. 68
（0 ～ 20）周龄只耗料（kg）	5. 11
（21 ～ 66）周龄只耗料（kg）	22. 78
种蛋受精率（%）	94. 5
受精蛋孵化率（%）	92. 3
入孵蛋孵化率（%）	87. 2
健雏率（%）	99. 1
母本母鸡 20 周龄体重（g）	1 382. 0
母本母鸡 44 周龄体重（g）	1 550. 6
母本母鸡 66 周龄体重（g）	1 686. 0

注：数据来源于农业农村部家禽品质监督检验测试中心（扬州）测定结果。

3. 商品代肉鸡生产性能

桂凤二号黄鸡配套系商品代生产性能见表 4。

表4　桂凤二号黄鸡配套系商品代生产性能

项目	广西春茂农牧集团有限公司测定结果[*]		农业农村部家禽品质监督检验测试中心（扬州）测定结果	
	公鸡	母鸡	公鸡	母鸡
出栏日龄（d）	82 ~ 90	110 ~ 118	84	112
体重（g）	1 575 ~ 1 680（平均1 605）	1 485 ~ 1 620（平均1 530）	1 635.5	1 565.0
饲料转化比	（2.90：1）~（3.30：1）（平均3.10：1）	3.65 ~ 3.88（平均3.73：1）	3.20：1	3.65：1

注：[*] 数据来源于广西春茂农牧集团有限公司 2013 年"公司＋农户"平均数据。

（四）屠宰性能和肉品质量

2013 年 10 月 29 日，利用公司饲养的商品鸡，进行抽样屠宰测定，结果如表 5 所示。

表5　桂凤二号黄鸡配套系商品代屠宰性能

项目	公鸡	母鸡
数量	30	30
日龄（d）	84	112
体重（g）	1 501.9±47.5	1 505.8±31.9
屠宰率（%）	90.2	90.4
胸肌率（%）	14.8	17.9
腿肌率（%）	26.3	26.5
腹脂率（%）	0.7	6.6

2010 年 11 月 10 日，分别采集 15 只 90 日龄公鸡和 15 只 120 日龄母鸡的胸肌和腿肌鲜样进行分析测试，结果见表 6。

表6　桂凤二号鸡配套系商品代肉质测定结果

项目	公鸡		母鸡	
	胸肌	腿肌	胸肌	腿肌
嫩度（kg/cm^3）	3.01	——	3.37	——
失水率（%）	31.94	31.81	33.62	27.15
pH 值	5.54	5.80	5.55	6.01
粗蛋白（%）	26.30	22.89	25.50	22.70
粗脂肪（%）	0.88	1.44	1.07	1.65

（五）营养需要

桂凤二号鸡配套系商品代肉鸡营养需要见表 7。

表7　商品代肉鸡营养需要

阶段（日龄）	1～20	21～40	41～60	61～90	90至出栏
代谢能（kJ/kg）	12.13	11.92	12.13	12.55	13.39
粗蛋白质（%）	20.0	19.0	17.5	16.5	15.5

三、培育技术工作情况

（一）育种素材及来源

B系：1993年从玉林市大平山镇引进成年玉林本地三黄公鸡500只，母鸡5 000只。

X系：1996年从玉林市石南镇引进的三黄成年公鸡600只，母鸡6 500只。

引种后主要进行外貌特征和生长均匀度的选择，公鸡选择金黄羽、红冠、体质健壮、肌肉丰满的个体；母鸡选择金黄羽、冠红、体型较好的个体；公母鸡皮肤、胫、羽毛均选择黄色个体。以高选择压选择接近群体平均体重的个体留种，快速提高生长速度的均匀度。群体外貌特征基本稳定后，2006年建立家系，进行家系选育。

（二）技术路线

配套系选育技术路线见图1。

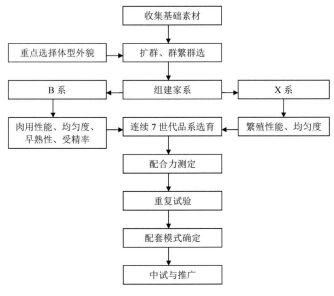

图1　配套系选育技术路线

（三）培育过程

1. 品系选育技术路线

（1）收集整理育种素材

父系重点选择均匀度好、早熟性、胸腿肌肉发育以及繁殖性能优良的素材；母系重点选择外貌特征符合市场需求，体型小且产蛋性能优秀的素材。

（2）培育专门化品系，开展持续选育

通过新品系持续、系统地选育，按照生产要求和消费趋势，针对性地改善专门化品系的特定性状，从而更加适应市场需求。采用专门化品系的培育方法，按照父系和母系的要求分别进行选育。专门化品系选育采用闭锁群家系选育法，选育基础群一旦确定，就不再引进外来血缘。对体重、体型外貌等性状采用个体选择法，而对孵化性能及繁殖性能（产蛋数、受精率等）采用家系选择方法。通过7个世代对2个品系持续不断地选育，生产性能均有较大幅度的提高，主要经济性状均匀度明显改善，且能稳定遗传，各项性能指标达到预期目标。配合力测定表明配套优势明显。

（3）配合力测定，筛选最佳配套系

为在生产上提供各项性能优异，适合目标市场的需求，公司从2009年始坚持长期不断地开展配合力测定工作，发现最佳的配合组合，通过综合比较，最终确定用于生产的配套系。

在"桂凤二号黄鸡"培育过程中，共进行了5次配合力测定和重复试验工作，将优秀组合在公司内部进行扩大饲养，比较生产性能及综合效益，送农业农村部家禽检测中心测定和中间试验，验证最佳组合的生产性能，最终确定了以B系父本和X系母本的配套系。

（4）配套系中试推广体系的建立

在优化育种管理体系的基础上，建立健全配套系中试推广体系，包括祖代鸡场、父母代鸡场、商品肉鸡养殖示范基地建设，培的配套系在公司内部得到大范围应用，并在其他养殖单位中试推广。

2. 主要性状选种程序及方法

（1）主要选择的性状

B系：体重及均匀度、第2性征发育、胸腿肌、羽色率、和公鸡繁殖性能等。

X系：体重及均匀度，第2性征发育、产蛋性能、羽色等。

（2）选种程序

第1次选种：出雏时，按家系佩戴翅号，选留符合标准的个体，淘汰白羽、杂色羽以及残次个体。

第2次选种：35日龄左右进行，主要选择公鸡的第2性征发育，按冠高和面部红润程度进行选择。同时，淘汰外貌特征不符合要求的个体。

第3次选种：70日龄进行，主要选择体重。

B系：抽称群体5%个体体重，统计平均值；以平均体重值以上5%～15%作为留种范围。

X系：抽称群体5%个体体重，统计平均值；以平均体重以下15%至平均体重以上5%作为选种的范围。

第4次选种：上笼前进行，主要进行白痢检测，淘汰阳性个体，同时，淘汰倒冠、残疾个体。并淘汰体重偏离过大的个体。

第5次选择：上笼后进行，主要选择胸腿肌发育情况。通过手抓鸡腿肌、胸肉的手感来进行选择。

第6次选种：300日龄左右进行，主要进行繁殖性能选择。

B系：根据公鸡的采精量和精液品质及雄性特征等进行选种。

X系：统计300日龄家系平均产蛋数，采用家系选择与个体选择相结合的方法，选留产蛋数超过平均数的家系，同时，淘汰中选家系中产蛋数特别低的个体，另外，在淘汰家系中选留部分产蛋数成绩特别优秀的个体。公鸡的选留主要集中在家系产蛋平均数在前20位的家系中选留。

通过随机交配方法组建核心群，建立新的家系。并根据系谱检查，避免全同胞和半同胞交配。

3. 系谱孵化

组建家系后在产蛋高峰期收集2～3批种蛋，每批10 d左右，系谱孵化。转盘时，按家系号装袋，出苗戴翅号，并做好系谱记录。

4. 疾病净化

在育种工作开展的同时，制定严格的疾病防控程序，针对性地开展鸡白痢、白血病等疾病的净化和控制工作。

（1）白痢净化

采用鸡白痢全血平板凝集试验对开产前及高峰期过后种鸡进行检测淘汰阳性鸡，同时采取严格的生物安全措施，人工授精采取一鸡一管的方法，防止输精过程中的交叉感染；白痢阳性率由 2007 年的 20% 左右降低到 2013 年零发生率，鸡白痢疾病净化进展情况见表 8。

表 8　白痢疾病净化进展情况　（单位：%）

项目	2009 年	2010 年	2011 年	2013 年
白痢阳性率	1.5	3.2	4.0	0

注：数据来源于广西壮族自治区动物疾病预防控制中心。

（2）白血病净化

2013 年开始白血病净化工作，净化两个世代后，白血病阳性率由 20% 降到 4.68%，广西壮族自治区动物疾病预防控制中心检测结果为 7%。

5. 配套系选育概况

"桂凤二号黄鸡"配套系各世代选育基本情况见表 9。

表 9　"桂凤二号黄鸡"配套系各世代选育概况

世代	B 系				X 系			
	家系数	出雏数	上笼测定鸡数		家系数	出雏数	上笼测定鸡数	
			公鸡	母鸡			公鸡	母鸡
0	100	—	117	1 200	100	6 000	110	1 200
1	100	16 180	102	1 200	100	17 820	108	1 200
2	87	13 855	113	1 050	95	10 760	101	1 130
3	83	6 671	114	1 130	92	12 328	97	1 110
4	80	6 207	101	1 096	80	11 244	118	964
5	83	6 545	90	1 001	93	9 246	104	1 111
6	79	6 965	82	953	98	9 586	99	1 182
7	84	6 433	87	1 010	77	9 406	109	920

6. 选育结果

（1）B 系

通过 7 个世代的持续选育，B 系雏鸡黄羽比例由 0 世代的 88.5% 提高到 7 世代的 99.5%，体尺指标稳定在现有水平，120 日龄冠高有所提高，公鸡由

（6.30±0.60）cm 提高到（6.74±0.48）cm，母鸡由（3.10±0.45）cm 提高到（3.64±0.37）cm。10 周龄体重和均匀度显著改善，公鸡体重由 0 世代 900.0 g 提高到 7 世代 1 106.0 g，变异系数由 11.2 % 降低到 7.2 %；母鸡体重由 0 世代 848.0 g 提高到 932.0 g，变异系数由 10.1 % 降低到 8.0 %。开产日龄有所提前，开产蛋重明显增大，43 周龄蛋重增加 2 g 左右，产蛋量差异不显著，种蛋受精率从 0 世代 87.7 % 提高到 7 世代 95.0 %。

（2）X 系

通过 7 个世代的持续选育，X 系黄羽比例由 0 世代的 88.0 % 提高到 7 世代的 99.2 %，体尺指标稳定在现有水平，120 日龄冠高有所提高，公鸡由（6.23±0.51）cm 提高到（6.69±0.42）cm，母鸡由（2.98±0.44）cm 提高到（3.61±0.32）cm。10 周龄体重和均匀度显著改善，公鸡体重由 0 世代 900.0 g 提高到 7 世代 945.7 g，变异系数由 10.2 % 降低到 7.74 %；母鸡体重由 0 世代 840.0 g 降低到 755.0 g，变异系数由 10.7 % 降低到 8.2 %。开产体重、开产蛋重和 43 周龄母鸡蛋重差异不显著，开产日龄提前 3 d，43 周龄、56 周龄产蛋数提高显著，分别由 1 世代的 101.4 个和 148.2 个提高到 110.6 个和 155.2 个。种蛋受精率从 0 世代 85.0 % 提高到 7 世代 94.3 %。

（四）饲养管理

1. 雏鸡管理

1）进雏前的准备工作

①及时修整鸡舍。

②准备好充足的垫料、保温用具。

③搞好鸡舍内外环境消毒工作。

④提前预温。预温时间北方为 24 ~ 48 h，南方为 6 ~ 12 h，离地面 10 cm 升温达到 30 ℃以上为宜。

2）供温

不同周龄施温：1 周 33 ~ 35 ℃，2 周 31 ~ 33 ℃，3 周 28 ~ 31 ℃，4 周 26 ~ 28 ℃。以后每周下降 2 ~ 3 ℃，30 日龄脱温时不低于 20 ℃。30 日龄以上应在 18 ℃以上，最低不能低于 15 ℃。

3）管理

（1）育雏后前 10 d 的管理

1 d：有强光刺激其采食，有充足的饮水器和料桶。第 1 次给水可用 0.01%的高锰酸钾水溶液或凉开水加适量速补 14 或氨苄青霉，红霉素，土霉素等。

2 ~ 3 d：注意保证温度的稳定，温度不能过高过低或时高时低；继续补充适量的维生素，此时适当换气。

4 ~ 6 d：注意检查鸡群是否健康，如果有白痢应喂适量的抗生素。

7 ~ 8 d：观察鸡群是否健康，如果健康应抓紧做好新城疫，传支，法氏囊的首免工作，接种前可喂适量的红霉素或维生素。在此时应适当调低温度，加大换气量。要注意排湿。

9 ~ 10 d：注意观察鸡群接种后的情况；由于仔鸡增大了采食量和饮水量，所以应看情况增加通风换气量，注意湿度不要过大。10 d 后应注意防治球虫病。在整个雏期间注意防火，防鼠，保证安静。

（2）日常检查

日常的检查主要从雏鸡活动行为、睡眠、采食、饮水、粪便等方面检查。

活动行为：健康鸡活泼好动，病鸡精神萎缩。

睡眠：温湿度适合时，健康鸡睡觉的姿势是头颈伸直，平坦的伏在垫料上，而且闭上眼睛，不打堆。病鸡异样。

采食：健康鸡采食活跃，不时发出欢快的叫声，嗉囊膨有料，病鸡则无料，充满水液。

饮水：健康成长鸡饮水后立即离开饮水器，胸部羽毛不沾水。饮水过多可能是肠炎，消化不良，球虫病或食盐中毒。

粪便：健康雏鸡拉的粪便不稀烂，呈灰黑色，表面覆盖 1 层白色尿酸盐，肛门周围绒毛不沾有粪。病鸡的粪便呈石灰浆样，说明是鸡白痢；粪便呈水样有泡沫说明是肠炎病消化不良；粪便带血色样说明是球虫病；粪便稀烂黄绿色说明是鸡瘟及各种传染病。

（3）舍内垫料管理

冬春季要用厚垫料，一般要求垫料在 5cm 左右厚。保持垫料干爽清洁。清除潮湿结块的垫料，一般 3 ~ 5 d 清除 1 次，饮水器周围的垫料更应勤换；

适当控制垫料的湿度。垫料若太干，灰尘大，易诱发鸡群的呼吸道病，若太干时，可结合喷雾消毒，适当喷洒消毒水（要选用刺激小的消毒水）；所用的垫料质量要保证，绝不能用发霉变质或被污染过的垫料。

4）扩栏分群

扩栏要坚持逐步进行的原则。冬春季一般从第 7 ~ 10 d 开始每周扩栏 1 次，一般要 6 次以上。

扩栏以气温稳定的晴天中午为好。

扩栏后密切注意天气变化，如果扩栏后天气较冷，气温大幅下降，鸡群可适当回栏，特别是在晚上。

扩栏分群前应适当增加煤炉，铺好垫料，增加保温室面积，使温度达到一定水平后再扩，使扩栏后能保持温度平稳，防止温度大幅下降。

正确处理好保温与通风的关系。

2. 中大鸡的饲养管理

注意天气变化，气温较低时，30 d 以上的中大鸡仍然需要做好保温工作。

加强垫料管理，保持垫料干爽、清洁并有一定厚度。

注意鸡舍内外的清洁消毒工作。包括饮水器的清洗、消毒；鸡舍内外的每日清洁、消毒；晴天中午时可以带鸡消毒。

天气好时鸡群可完全放出运动场。

3. 科学免疫

按常规免疫程序接种新城疫、禽流感、法氏囊、传支等疫苗。

（五）培育单位概况

1. 广西春茂农牧集团有限公司

公司组建于 1996 年，是从事优质鸡育种与开发的大型家禽生产企业。下设大平山分公司、小平山分公司、鹤山市春茂农牧有限公司、南昌市春茂农牧有限公司、来宾市春茂农牧有限公司等分公司。公司主要经营"桂凤"鸡、"桂皇"鸡等。先后通过了 HACCP 认证、ISO9001 质量管理体系认证、无公害农产品认证，获得"自治区农业产业化重点龙头企业""中国黄羽肉鸡行业二十强优秀企业"等众多荣誉称号。2013 年公司总产值 13.5 亿元，其中养鸡产值 9 亿元。

公司的育种工作集中在小平山育种中心，于 2004 年建成，中心占地 22 亩，拥有鸡舍 20 栋，个体笼位 14 800 个，测定鸡舍可饲养祖代种鸡 30 000 余只，后备鸡舍可饲养后备鸡 54 000 只，目前正在选育的品系有 8 个，主要应用品系为 B 系和 X 系。育种中心拥有育种、饲养、禽病防治、管理等方面的研发人员 53 名，其中，高级职称 3 名，研究生 7 名。公司还与广西壮族自治区畜牧研究所、广西大学等科研教育单位建立科技合作关系，是广西大学动物科学技术学院、广西职业技术学院、广西农业职业技术学院、广西水产畜牧兽医学校、广西柳州畜牧兽医学校的实习基地。

2. 广西壮族自治区畜牧研究所

现有专业技术人员 169 人，其中高级职称 19 人，中级职称以上 73 人。长期从事家畜家禽繁育、品种改良、牧草研究。家禽研究室近年来先后承担了"广西优质三黄鸡选育改良研究""矮脚鸡的选育及矮小基因在肉鸡生产中的应用""银香麻鸡配套系选育研究及推广应用""银香麻鸡、霞烟鸡早熟品系选育与应用""广西地方优良鸡品种繁育、改良""广西地方鸡活体基因库建设及种质资源创新利用""优质鸡高效健康养殖关键技术研究与应用示范"等 20 多项科技研发项目；荣获省级科技成果一等奖 1 项、部级二等奖 1 项、省级三等奖 4 项，市级科技成果一等奖 1 项，厅级二等奖 2 项，厅级三等奖 5 项。

四、推广应用情况

2012—2013 年，桂凤二号黄鸡配套系在广西地区中试父母代种鸡 207 万套，商品代肉鸡 1.947 亿只。采取"公司＋农户"生产模式，直接或间接带动农户 4 000 多户，饲养出栏肉鸡 5 000 多万只。市场反馈配套系均匀度高，体型体重适中，肉质好，饲养成活率高。

五、对品种（配套系）的评价和展望

桂凤二号黄鸡是以广西三黄鸡为素材培育的配套系鸡品种，经 7 个世代的系统选育，配合力测定和中试推广，具有父母代种鸡生产成本低，商品代外貌美观、均匀度好、饲料报酬高、肉质风味好、抗逆性强等优点。父母代种鸡适合标准化种禽企业饲养，商品代肉鸡适合"公司＋农户"形式的企业、标准化养殖小区和规模养殖户饲养，总体效益好，在同类型品种中具有较强的竞争优

势（图1）。

图1　桂凤二号黄鸡配套系商品代鸡

鸿光黑鸡

一、一般情况

（一）品种（配套系）名称

鸿光黑鸡：肉用型配套系。由 D 系（第 1 父本）、C 系（第 1 母本）、B 系（终端父本）组成的三系配套系。

（二）培育单位、培育年份、审定单位和审定时间

培育单位：广西鸿光农牧有限公司；培育年份：2002—2016 年；2016 年 6 月通过国家畜禽遗传资源委员会审定，2016 年 8 月农业部公告第 2437 号确定为新品种配套系，证书编号：（农 09）新品种证字第 74 号。

（三）产地与分布

种苗产地在广西壮族自治区玉林市，配套系商品代肉鸡销售地分布在广西、湖南、湖北、江西、浙江、福建、安徽、广东、海南、贵州、云南、四川等 20 个省区。

二、培育品种（配套系）概况

（一）体型外貌

1. 配套系鸡外貌特征

该配套系属三系配套。D 系为第一父本，C 系为第一母本，B 系为终端父本。采用个体选择和家系选择相结合的方法进行世代选育。选育的性状包括羽色、体型、体重及均匀度、第二性征发育、繁殖性能、生活力等。D 系经 6 个世代选育，C 系、B 系经 8 个世代选育，羽色、体型等方面趋于一致；主要性状的遗传性能稳定，变异系数小于 10%。3 个品系雏鸡均为腹部白色，其他部位黑

色，胫黑色。

（1）B系

公鸡黑羽，头部、颈部及背部金黄色羽分布，单冠直立，冠齿5～8个，肉垂鲜红，虹彩红色，喙、胫、趾黑色，皮肤白色。

母鸡黑羽，部分个体颈羽呈金黄色，冠、肉垂、耳叶鲜红色，冠齿5～9个，喙、胫、趾黑色，皮肤白色。

母鸡体躯紧凑，腹部宽大，柔软，头部清秀，脚高中等。羽色黄麻，尾羽多为黑色羽。单冠鲜红，冠齿6～8个，耳叶及肉髯鲜红色，胫长7.5 cm，喙、胫色为黄色。

（2）D系

公鸡黑羽，头部、颈部及背部金黄色羽分布，单冠直立，冠齿5～8个，肉垂鲜红，虹彩红色，喙、胫、趾黑色，皮肤白色。

母鸡黑羽，部分个体颈羽呈金黄色，冠、肉垂、耳叶鲜红色，冠齿5～9个，喙、胫、趾黑色，皮肤白色。

（3）C系

公鸡黑羽，头部、颈部及背部金黄色羽分布，单冠直立，冠齿5～8个，肉垂鲜红，虹彩红色，喙、胫、趾黑色，皮肤白色。

母鸡黑羽，部分个体颈羽呈金黄色，冠、肉垂、耳叶鲜红色，冠齿5～9个，喙、胫、趾黑色，皮肤白色。

2. 父母代外貌特征

公鸡黑羽，快羽，头部、颈部及背部金黄色羽分布，胸宽背直，单冠，黑胫，早熟。

母鸡黑羽，快羽，黑胫，单冠，早熟，产蛋性能高。

3. 商品代鸡外貌特征

公鸡黑羽，快羽，头部、颈部及背部金黄色羽分布，胸宽背直，单冠，黑胫，早熟。

母鸡黑羽，部分个体颈羽呈金黄色，快羽，羽毛被覆完整，光泽度好，胫细、黑喙、黑胫、皮肤白色、单冠、早熟。

（二）体尺体重

成年父母代鸡体重体尺见表 1。

表 1　父母代鸡（300 日龄）体重体尺测定（*n*=30）

性别	日龄（d）	体斜长（cm）	龙骨长（cm）	胸宽（cm）	胸深（cm）	胫长（cm）	胫围（cm）
公	300	22.9±0.9	12.9±0.7	8.7±0.4	11.0±0.4	9.5±0.3	5.2±0.3
母	300	19.61±0.8	10.32±0.6	6.91±0.5	9.24±0.5	7.48±0.2	3.84±0.2

（三）生产性能

1. 父母代种鸡生产性能

父母代种鸡主要生产性能见表 2。

表 2　父母代种鸡主要生产性能

项目	广西鸿光农牧有限公司测定性能	农业农村部家禽品质监督检验测试中心（扬州）测定性能
5% 产蛋率日龄（d）	149 ~ 155	134.0
66 周龄饲养日产蛋数（个）	175.0 ~ 189.0	197.9
（0 ~ 20）周龄成活率（%）	96.0	96.7
（21 ~ 66）周龄成活率（%）	95.0	95.0
（0 ~ 20）周龄只耗料（kg）	5.7 ~ 6.1	6.0
（21 ~ 66）周龄只耗料（kg）	29.5 ~ 31.0	30.1
种蛋受精率（%）	96.0	96.4
受精蛋孵化率（%）	92.0	91.7
入孵蛋孵化率（%）	88.0	88.4
健雏率（%）	98.0	99.0

2. 商品代肉鸡生产性能

商品代肉鸡生产性能见表 3。

表 3　商品代鸡生产性能

项目	广西鸿光农牧有限公司测定结果		农业部家禽品质监督检验测试中心（扬州）测定结果	
	公鸡	母鸡	公鸡	母鸡
出栏日龄（d）	98	105	98	105
平均体重（g）	1 670.5	1 658.2	1 685.6	1 665.8
饲料转化比	3.20	3.46	3.12	3.38

（四）屠宰性能和肉质性能

屠宰测定及肉质检测结果见表4。

表4 商品代屠宰测定及肉质测定结果

项目	公鸡	母鸡
数量（只）	100	100
日龄（d）	98	105
体重（g）	1 670.5	1 658.5
屠宰率（%）	90.3	90.1
胸肌率（%）	16.7	15.6
腿肌率（%）	22.2	20.4
腹脂率（%）	0.5	4.5

（五）营养需要

鸿光黑鸡配套系父母代种鸡营养需要见表5，商品代肉鸡营养需要见表6。

表5 种鸡营养需要

指标	0～6周	7～18周	19周至开产	产蛋期
ME（Mcal/kg）	2 900	2 700	2 750	2 750
CP（%）	20	15	16	16
Lys（%）	0.90	0.75	0.80	0.80
Met（%）	0.38	0.29	0.37	0.40
M+C（%）	0.69	0.61	0.69	0.80
Thr（%）	0.58	0.52	0.55	0.56
Trp（%）	0.18	0.16	0.17	0.17
Ca（%）	0.9	0.9	2.0	3.0
P（%）	0.65	0.61	0.63	0.65
钠（%）	0.16	0.16	0.16	0.16
氯（%）	0.16	0.16	0.16	0.16
铁（mg/kg）	60	60	80	80
铜（mg/kg）	6	6	8	8
锰（mg/kg）	70	70	70	70
锌（mg/kg）	50	50	90	90
碘（mg/kg）	0.60	0.60	0.90	0.96
硒（mg/kg）	0.25	0.25	0.30	0.30
亚油酸（%）	1	1	1	1
VA（IU/kg）	7 200	7 200	7 200	7 200
VD（IU/kg）	1 500	1 500	2 000	2 000
VE（IU/kg）	20	20	20	20
VK（mg/kg）	1.5	1.5	1.5	1.5
硫胺素（mg/kg）	2	2	2	2

（续表）

指标	0～6周	7～18周	19周至开产	产蛋期
ME（Mcal/kg）	2 900	2 700	2 750	2 750
核黄素（mg/kg）	7	7	7	9
泛酸（mg/kg）	12	12	12	12
烟酸（mg/kg）	30	30	30	30
吡多醇（mg/kg）	3	3	3	5
生物素（mg/kg）	0.15	0.15	0.15	0.18
叶酸（mg/kg）	1.0	1.0	1.0	1.2

表6 商品代肉鸡营养需要

指标	0～21d	22～60d	60～90d	＞90d
ME（Mcal/kg）	2 850	2 900	2 950	3 100
CP（%）	21	19	18	16
Lys（%）	1.20	1.10	0.98	0.85
Met（%）	0.46	0.40	0.38	0.34
M+C（%）	0.80	0.72	0.70	0.65
Ca（%）	1.0	0.90	0.90	0.90
P（%）	0.70	0.65	0.63	0.60

三、培育技术工作情况

（一）培育技术路线

育种素材的收集→专门化品系培育→品系杂交组合试验及配套模式的选定→新品种的推广应用。

（二）育种素材及来源

用灵山引进黑羽广西麻鸡（灵山鸡）和江苏省家禽科学研究所引入狼山鸡横交固定，通过专门化品系选育方法进行育种，形成第1父本D系；从合浦县收购广西麻鸡黑羽雏鸡，从马山县孵坊中收购广西麻鸡黑羽雏鸡通过专门化品系选育方法进行育种，形成第1母本C系和终端父本B系。

（三）配套系模式

鸿光黑鸡采用三系配套。

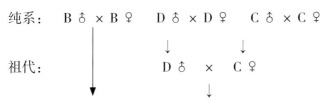

纯系：　B♂×B♀　　D♂×D♀　　C♂×C♀

祖代：　　　　　　　　D♂　×　C♀

父母代：　　B ♂　　×　　DC ♀

$$\downarrow$$

商品代：　　BDC ♂♀

（四）培育过程

1. 配套系

鸿光黑鸡配套系为三系配套，其中第 1 父本为合成系。

（1）D 系（第 1 父本）

2001 年从灵山引进黑羽广西麻鸡（灵山鸡）混合苗 6 500 羽，饲养到 105 日龄选择其中的公鸡 108 只和母鸡 1 200 只体型外貌符合选育要求的个体进行纯繁。

2004 年从江苏省家禽科学研究所引入狼山鸡公雏 300 只饲养到 35 周龄进行杂交，后代经 4 个世代横交固定，黑羽率达 99.8%。2008 年组建家系，2008—2009 年个体产蛋测定到 280 d；根据品种审定要求，2010—2015 年产蛋测定到 66 周龄。每个世代家系数量保持在 80 个。

（2）C 系（第一母本）

2003 年从合浦县孵坊收购广西麻鸡黑羽雏鸡 8 320 只，饲养至 105 日龄选留公鸡 185 只和母鸡 1 950 只体型外貌符合选育要求的个体进行产蛋性能测定。2006 年组建家系，2006—2009 年个体产蛋测定到 280 d；根据品种审定要求，2010—2015 年产蛋测定到 66 周龄。每个世代家系数量保持在 80 个。

（3）B 系（终端父本）

2003 年从马山县孵坊中收购广西麻鸡黑羽雏鸡 7 800 只，饲养至 105 日龄选留公鸡 168 只和母鸡 1 780 只，持续开展体型外貌性状选育后，2006 年组建家系，2006—2009 年个体产蛋测定到 280 d。根据品种审定要求，2010—2015 年产蛋测定到 66 周龄。每个世代家系数量保持在 60 个。

各品系经过持续选育，生产性能基本稳定，2009 年开展配合力测定，2011 年又进行了重复测定。2013 年 1 月至 2015 年 10 月进行中试推广。

2. 基本选育程序

第 1 次选种：出雏时，按家系配戴翅号，选留体型外貌符合要求的个体，淘汰白羽、杂色羽、杂色胫以及残次个体。

第2次选种：公鸡在42日龄左右，选留鸡冠发育明显的个体。

母鸡在56日龄左右，淘汰鸡冠未发育及面部黄色的个体。

第3次选种：70日龄全群个体称重，主要选择生长发育的均匀度。

第4次选种：上笼前淘汰倒冠、不起冠，残次个体；通过手感来选择腿肌、胸肌的发育。同时进行鸡白痢检测，淘汰阳性及可疑个体。

第5次选种：开产前全群称重并淘汰体重偏离平均值过大的个体。

第6次选种：300日龄左右主要进行繁殖性能的选择。组建新家系，繁殖下1个世代。通过系谱孵化，按母鸡号落盘，出苗戴翅号和各项系谱记录。

3. 选育方法

以广西麻鸡（黑羽型）等为育种素材，根据各性状的遗传特点，质量性状采用独立淘汰法，数量性状遗传力高的以个体选择为主，遗传力低的采用家系结合个体选择方法。提高综合性能，改善其体型小、整齐度差、羽毛等遗传不稳定、繁殖性能低的缺点，培育出适应性强，生产性能好，符合市场需求的优质黑羽肉鸡新品系。选育的程序和方法见图1。

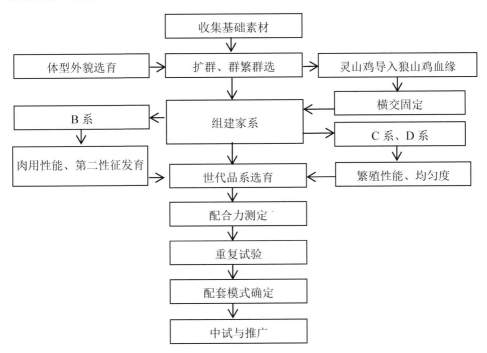

图1　鸿光黑鸡配套系鸡选育程序

（1）在 70 日龄全群个体称重，选择生长发育的均匀度

D 系：1 ～ 4 世代公鸡以平均值以上 0 ～ 6% 作为留种范围。5 ～ 7 世代公鸡以平均值 ±4% 作为留种范围。各世代母鸡以平均值 –5% ～ 10% 作为留种范围。

C 系：1 ～ 6 世代公鸡以平均值 –5% ～ 10% 作为留种范围。7 ～ 9 世代公鸡以平均值 ±4% 作为留种范围。各世代母鸡以平均值 ±8% 作为留种范围。

B 系：1 ～ 6 世代公鸡以平均值以上 5% ～ 15% 作为留种范围。7 ～ 9 世代公鸡以平均值 ±3.5% 作为留种范围。1 ～ 6 世代母鸡以平均值以上 0 ～ 10% 作为留种范围。7 ～ 9 世代母鸡以平均值 ±6% 作为留种范围。

（2）300 日龄左右主要进行繁殖性能的选择

D 系：采用家系选择与个体选择相结合的方法，选择家系产蛋数在平均数以上，淘汰中选家系中产蛋数较低的个体。另外，在淘汰家系中选留产蛋数成绩特别优秀的个体。公鸡主要从产蛋数排名前 35 的家系中优秀产蛋个体的同胞中选留。

C 系：除与 D 系的选留方法相同外，同时注重蛋重均匀度的选择。

B 系：根据公鸡的采精量和精液品质及雄性特征等进行选种。

将选留的公鸡和母鸡随机组建新家系。对新组建的家系进行系谱检查，避免全同胞和半同胞交配。各品系组建家系后继代，繁殖下 1 个世代。每个世代收集 4 批种蛋，每批留蛋时间为 7 d 左右，通过系谱孵化，按母鸡号落盘，出苗戴翅号和各项系谱记录。

（五）群体结构

配套系审定时鸿光黑鸡核心群种鸡存栏 8 991 只，祖代母系存栏 1.8 万套，父系种鸡存栏 4 000 套。父母代种鸡存栏 56 万套。现鸡苗产销量约 4 600 万只 / 年，至 2019 年年底累计销售商品代鸡苗约 4.84 亿只。

（六）饲养管理

1. 饲养方式

包括平养、放养和棚养，以平养方式为主（表 7）。

2. 器具

育雏期喂料和饮水用料槽或料桶和真空式饮水器，一般每只鸡需 5 cm 料位或 30 ~ 50 只 / 料桶（口径 30 ~ 50 cm），40 只 / 饮水器；30 d 后每只鸡占料位 12 ~ 13 cm 或 15 只 / 料桶，20 只 / 水桶。

表 7　商品代肉鸡不同饲养方式饲养密度

日龄	平养（只 /m²）	放养（只 /m²）	棚养（只 /m²）
0 ~ 30	30	40	30
31 ~ 160	15	20	20
35 ~ 100	8	12	10

3. 育雏期（1 ~ 28 日龄）的管理

（1）适宜温度

雏鸡各日龄的适宜温度见表 8。

表 8　育雏温度参考

日龄	育雏器温度（℃）	室温（℃）
1 ~ 3	35	24
4 ~ 7	35 ~ 33	24
2	32 ~ 29	24 ~ 21
3	29 ~ 27	21 ~ 18
4	27 ~ 25	18 ~ 16

（2）饮水与开食

刚接的雏鸡应先供给清洁的饮水，水中可加 3% ~ 5% 的红糖、复合多维、预防量的抗生素等，8 h 后开始喂料开食。

（3）喂料

1 ~ 10 日龄喂 6 ~ 8 次 /d，11 ~ 20 日龄喂 4 ~ 6 次 /d，21 ~ 35 日龄 3 ~ 4 次 /d。

（4）观察鸡群

每天早上首先要看鸡群分布是否均匀，温度是否适合，鸡群是否有问题，经观察鸡群正常后才开始饲喂。

（5）湿度

育雏前 10 d 鸡舍内的湿度 60% ~ 65%，以后为 55% ~ 60%。在烧煤炉保温时舍内湿度一般不足，容易引发呼吸道问题，此时要在煤炉上放 1 桶或 1 盆水，利用煤炉的热量蒸发出水蒸气而提高鸡舍的湿度。

（6）通风换气

换气以保证鸡群温度为前提，人进入鸡舍内不感到沉闷和不刺激眼鼻。舍内氨气浓度在 $25g/m^3$ 以下。

（7）光照

1 ～ 3 日龄，光照时间 24 ～ 20 h/d，光照强度 5 ～ 10 lx，从 4 日龄起每周递减光照时间 2 ～ 3 h，直到自然光照。

（8）换料

换料过渡 3 d，即 1/3、2/3、3/3 比例拌料过渡。

4. 育肥期（29 ～ 65 日龄）的饲养管理

这段时期鸡只生长较快，应由小鸡料改换成肉鸡料，少喂多餐，晚上要补喂 1 餐，以供给充足的营养，要保证足够的料位和饮水。

由于鸡只代谢旺盛，垫料易潮湿和结块，应经常更换垫料，保持鸡舍空气清新，防止暴发球虫病和其他呼吸道疾病。

5. 疾病防治

防疫：严格按免疫程序做好各种疾病的防治工作；针对性做好各种细菌性疾病的药物预防。活疫苗要求在 45 min 内接种完，不能用含消毒药的水作饮水免疫；饮水免疫前要把水箱、水管、饮水器等彻底洗净，鸡群断水 1 ～ 2 h。

每天做好鸡舍内外环境卫生工作，清洗饮水器具。

定期清理鸡粪，保证鸡粪或垫料干燥。

对病死鸡进行焚烧、深埋等无害化处理。

免疫程序推荐见表 9。

表 9　免疫程序推荐

免疫日龄	疫苗种类	接种方式	用量（羽）	免疫地点
1	马立克氏病 CVI988 液氮苗	颈皮下注射	1 羽份	孵化厂
1	新城疫＋传支 H120 二联活苗	喷雾或滴鼻点眼	1 羽份	

（续表）

免疫日龄	疫苗种类	接种方式	用量（羽）	免疫地点
7	法氏囊（中等毒力）活苗（IBD）	饮水	1 羽份	肉鸡场
10	新城疫＋传支 H120 二联活苗	滴鼻点眼	1 羽份	
14	法氏囊（中等毒力）活苗（IBD）	饮水	1 羽份	
15	H5 禽流感油苗、新支流（ND+IB+H9）三联油苗	分点肌注	各 0.3 mL	
30	新城疫 I 系活苗	胸或腿部肌内注射	1 羽份	
35	传染性喉气管炎活苗（ILT）	点眼	1 羽份	
45	H5 禽流感油苗、新支流（ND+IB+H9）三联油苗	分点肌注	各 0.5 mL	

（七）培育单位概况

广西鸿光农牧有限公司始建于 1989 年，公司总部位于广西容县容州镇，是一家主要从事肉用种鸡繁育与生产、雏鸡孵化、肉鸡饲养、饲料生产于一体的民营企业。公司经过 20 多年发展，规模不断壮大，现有总资产 3.2 亿元，员工 480 多人，其中大专以上学历 103 人，饲养品种有鸿光黑鸡、广西三黄鸡、广西麻鸡等。建有育种中心 1 个，父母代种鸡场 3 个，后备种鸡场 1 个和占地 3 000 多亩的林下生态养殖肉鸡示范基地，配套有孵化厂、饲料厂、鸡苗肉鸡销售服务部等。目前开产父母代种鸡 65 万套，年销售鸡苗 6 800 多万羽，2015 年公司销售收入超 3.5 亿元。

育种中心于 2006 年建成，总投资 1 600 多万元，选育和贮备的品系 25 个，建有鸡舍 25 栋，其中育种测定鸡舍 8 栋，个体产蛋测定笼位 3.1 万个，并配备专用孵化场。育种中心拥有育种、饲养、禽病防治、管理等方面的研发人员 32 名（研究生 2 人、本科学历 5 人），其中高级职称 3 人、执业兽医师 2 人。公司多年来致力于广西麻鸡的创新选育与利用，并与江苏省家禽科学研究所签订长期合作协议，负责育种规划及育种技术的实施，由广西大学和广西壮族自治区畜牧研究所负责禽白血病、鸡白痢疫病净化，饲养营养及育种现场指导等工作，为育种中心顺利开展育种工作提供重要技术保证。

四、推广应用情况

鸿光黑鸡经 3 年中试，已向社会累计推广父母代种鸡 56 万套、商品代肉鸡 4 600 多万只。"鸿光黑鸡"具有父母代种蛋生产成本低，商品鸡抗病力强，饲料报酬高，商品肉鸡比同类产品售价高等特点被广大养户所肯定；"鸿光黑鸡"配套系的各系均为地方鸡种，有较好的肉品质，深受消费者的喜爱，因此有较广阔的推广前景。

五、对品种（配套系）的评价和展望

鸿光黑鸡的成功主要是利用了广西地方鸡种广西麻鸡里的黑羽系为基础素材，不断根据市场的需求调整育种目标并进行改良。鸿光黑鸡具有父母代种蛋生产成本低，商品鸡抗病力强，饲料报酬高，商品肉鸡比同类产品售价高等特点被广大养殖户所肯定；鸿光黑鸡配套系的各系均为地方鸡种，有较好的肉品质，深受消费者的喜爱，因此有较广阔的推广前景（图 2）。

图 2　鸿光黑鸡配套系商品代鸡

鸿 光 麻 鸡

一、一般情况

(一) 品种 (配套系) 名称

鸿光麻鸡：肉用型配套系。由 N 系 (第 1 父本)、L 系 (第 1 母本)、Q 系 (终端父本) 组成的三系配套系。

(二) 培育单位、培育年份、审定单位和审定时间

培育单位：广西鸿光农牧有限公司；培育年份：2002—2018 年；2018 年 4 月通过国家畜禽遗传资源委员会审定，2018 年 11 月农业农村部公告第 63 号确定为新品种配套系，证书编号：(农 09) 新品种证字第 76 号。

(三) 产地与分布

种苗产地在广西玉林市，配套系商品代肉鸡销售地分布在广西区内和贵州、云南、四川、湖南、湖北、江西、福建、安徽、广东、海南等多个省区。

二、培育品种 (配套系) 概况

(一) 体型外貌

1. 配套系外貌特征

(1) Q 系

公鸡体型高大，胸较宽，后躯发达，体格健壮；背部、腹部羽毛红褐色，颈羽带麻斑，尾羽、主翼羽和副主翼羽麻黑色，单冠直立，冠齿 5 ~ 8 个，冠、肉垂、耳叶鲜红，虹彩红色，喙黑色，胫、趾青色，胫高、粗；部分带胫羽，皮肤白色。

母鸡体型丰满，短圆，羽毛为带有黑斑的深黄羽色；尾羽、主翼羽和副主翼羽以黑色为主，带有少量黄色斑块；冠、肉垂、耳叶鲜红色，冠齿 5 ~ 9 个，胫、趾青色，部分带胫羽，皮肤白色。

雏鸡羽色土黄色或褐色，带有蛙背。

（2）N 系

公鸡体型呈菱形，羽色以金红色为主，颈羽红色带黑点，尾羽、主翼羽和副主翼羽麻黑色，单冠直立，冠齿 6 ~ 9 个，冠、肉垂、耳叶鲜红，虹彩呈金黄色，胫、趾青色或黑褐色，胫高细，部分有胫羽，少数有趾羽，皮肤白色。

母鸡黑麻羽，冠、肉垂、耳叶鲜红色，冠齿 5 ~ 9 个，胫、趾青色，胫高细，部分带胫羽，少数有趾羽，皮肤白色。

雏鸡羽毛为褐黄色，带有蛙背。

（3）L 系

公鸡体型适中，背羽红色，腹羽深黄色，颈羽、体羽呈棕红色，单冠直立，冠齿 5 ~ 8 个，肉垂鲜红，喙、胫、趾黄色，皮肤黄色。

母鸡体型呈椭圆形，黄麻羽，尾羽、主翼羽和副主翼羽黑色；冠、肉垂、耳叶鲜红色，单冠直立，冠齿 5 ~ 9 个，喙、胫、趾黄色，皮肤黄色。

2. 父母代外貌特征

公鸡：羽毛红褐色，颈羽带麻斑，尾羽、主翼羽和副主翼羽麻黑色，单冠直立，冠齿 5 ~ 8 个，冠、肉垂、耳叶鲜红，虹彩红色，喙黑色，胫、趾青色，部分带胫羽，皮肤白色。

母鸡：黄麻羽，尾羽、主翼羽和副主翼羽黑色，冠、肉垂、耳叶鲜红色，冠齿 5 ~ 9 个，胫、趾青色，部分带胫羽，皮肤白色。

3. 商品代外貌特征

公鸡：羽色以金红色为主，颈羽带麻斑，尾羽、主翼羽和副主翼羽麻黑色，单冠直立，冠齿 6 ~ 8 个，冠、肉垂、耳叶鲜红，虹彩呈金黄色，胫、趾青色或黑褐色，部分有胫羽，少数有趾羽，皮肤白色。

母鸡：麻羽，冠、肉垂、耳叶鲜红色，冠齿 5 ~ 9 个，胫、趾青色，部分带胫羽，少数有趾羽，皮肤白色。

雏鸡绒毛土黄或暗红色，有蛙背。

（二）体尺体重

成年父母代鸡体重体尺见表1。

表1 父母代鸡（300 日龄）体重体尺测定

性别	体重（g）	体斜长（cm）	龙骨长（cm）	胫围（cm）	胫长（cm）
公	3 350±290	25.1±0.8	14.9±0.6	5.5±0.2	10.9±0.4
母	2 330±200	24.3±1.0	14.4±0.6	5.1±0.2	10.5±0.5

（三）生产性能

1. 父母代种鸡生产性能

父母代种鸡主要生产性能见表2。

表2 父母代种鸡主要生产性能

项目	广西鸿光农牧有限公司测定性能	农业农村部家禽品质监督检验测试中心（扬州）
5% 产蛋率日龄（d）	164.0	163.0
66 周龄饲养日产蛋数（个）	180.0	183.2
66 周龄入舍母鸡产蛋数（个）	174.0	178.6
66 周龄饲养日合格种蛋数（个）	165.0	169.1
66 周入舍母鸡合格种蛋数（个）	160.0	164.8
母系母鸡（0～23）周龄成活率（%）	95.8	96.2
母系母鸡（24～66）周龄成活率（%）	94.0	94.2
母系母鸡（0～23）周龄只耗料（kg）	10.2	9.9
母系母鸡（24～66）周龄只耗料（kg）	36.8	36.0
种蛋受精率（%）	94.0	96.2
受精蛋孵化率（%）	92.0	92.1
入孵蛋孵化率（%）	88.0	88.6

2. 商品代肉鸡生产性能

商品代肉鸡生产性能见表3。

表3 商品代鸡生产性能

项目	广西鸿光农牧有限公司测定结果		农业农村部家禽品质监督检验测试中心（扬州）测定结果	
	公鸡	母鸡	公鸡	母鸡
出栏日龄（d）	105	105	105	105
平均体重（g）	2 650～2 705	2 150～2 200	2 738.7	2 208.0
饲料转化比	3.18～3.25	3.36～3.40	3.15	3.37

（四）屠宰性能和肉质性能

鸿光麻鸡商品代肉鸡公母鸡，屠宰测定及肉质检测结果见表4。

表4　商品代屠宰测定及肉质测定结果

项目	公鸡	母鸡
数量（只）	50	50
日龄（d）	105	105
体重（g）	2 612	2 153
全净膛率（%）	71.3	69.1
半净膛率（%）	80.7	79.4
屠宰率（%）	89.1	89.6
胸肌率（%）	16.8	18.2
腿肌率（%）	22.1	23.2
腹脂率（%）	0.8	3.2

（五）营养需要

鸿光麻鸡配套系父母代种鸡营养需要见表5，商品代肉鸡营养需要见表6。

表5　种鸡营养需要

营养成分	小鸡料 1～4周龄	中鸡料 5～7周龄	后备鸡料 8～17周龄	产前料 18周龄至5%产蛋
代谢能（Mcal/kg）	2 900	2 800	2 750	2 750
粗蛋白质（%）	21.0	18.5	15.5	16.5
赖氨酸（%）	0.90	0.75	0.80	0.80
蛋氨酸（%）	0.38	0.29	0.37	0.40
蛋氨酸+胱氨酸（%）	0.69	0.61	0.69	0.80
苏氨酸（%）	0.58	0.52	0.55	0.56
色氨酸（%）	0.18	0.16	0.17	0.17
Ca（%）	0.9	0.9	2.0	3.0
P（%）	0.65	0.61	0.63	0.65
钠（%）	0.16	0.16	0.16	0.16
氯（%）	0.16	0.16	0.16	0.16
铁（mg/kg）	60	60	80	80
铜（mg/kg）	6	6	8	8
锰（mg/kg）	70	70	70	70
锌（mg/kg）	50	50	90	90
碘（mg/kg）	0.6	0.6	0.9	1.0
硒（mg/kg）	0.25	0.25	0.30	0.30
亚油酸（%）	1	1	1	1
维生素A（IU/kg）	7 200	7 200	7 200	7 200
维生素D（IU/kg）	1 500	1 500	2 000	2 000

（续表）

营养成分	小鸡料	中鸡料	后备鸡料	产前料
	1～4 周龄	5～7 周龄	8～17 周龄	18 周龄至 5% 产蛋
维生素 E（IU/kg）	20	20	20	20
维生素 K（mg/kg）	1.5	1.5	1.5	1.5
硫胺素（mg/kg）	2	2	2	2
核黄素（mg/kg）	7	7	7	9
泛酸（mg/kg）	12	12	12	12
烟酸（mg/kg）	30	30	30	30
吡多醇（mg/kg）	3	3	3	5
生物素（mg/kg）	0.15	0.15	0.15	0.18

表 6　商品代肉鸡营养需要

营养成分	0～21 d	22～60 d	60～90 d	＞90 d
代谢能（Mcal/kg）	2 850	2 900	2 950	3 100
粗蛋白质（%）	21	19	18	16
赖氨酸（%）	1.2	1.1	0.98	0.85
蛋氨酸（%）	0.46	0.4	0.38	0.34
蛋氨酸＋胱氨酸（%）	0.8	0.72	0.7	0.65
Ca（%）	1	0.9	0.9	0.9
P（%）	0.7	0.65	0.63	0.6

三、培育技术工作情况

（一）培育技术路线

育种素材的收集→专门化品系培育→品系杂交组合试验及配套模式的选定→新品种的推广应用。

（二）育种素材及来源

鸿光麻鸡配套系属三系配套。该配套系以 N 系为第 1 父本，L 系为第 1 母本，Q 系为终端父本。第 1 父本 N 系来源于南丹瑶鸡，第 1 母本 L 系来源于柳州宏华公司的柳州麻鸡，终端父本 Q 系是崇仁麻鸡公鸡与邵伯鸡父本母鸡杂交，F_1 代母鸡再与南丹瑶鸡公鸡杂交，后代选择青胫、麻羽、快羽的个体闭锁选育而成。

（三）配套系模式

鸿光麻鸡采用三系配套。通过杂交和配合力测定，同时结合市场对商品代早期速度、体型外貌特征的要求，最终选定以下模式进行中试应用。

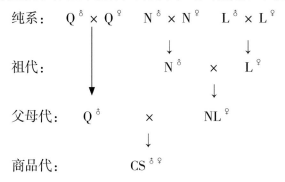

纯系： $Q^♂ × Q^♀$　$N^♂ × N^♀$　$L^♂ × L^♀$

祖代：　　　　　　　　　$N^♂$　×　$L^♀$

父母代：　$Q^♂$　　　×　　　$NL^♀$

商品代：　　　　　$CS^{♂♀}$

（四）培育过程

年度	实施进程
2002—2003	制定育种目标，收集并筛选育种素材，包括瑶鸡、"邵伯鸡"、崇仁麻鸡、"柳州麻鸡"等
2003—2009	导入、杂交、横交固定，素材整理，组建 Q、N、L 系基础群
2005—2016	对 Q、N、L 等品系进行闭锁选育
2012—2014	配合力测定。通过对不同配套组合的体型外貌和生产性能的综合评估分析，筛选出中速青脚鸡最优 QNL 组合，即"鸿光麻鸡"配套系
2015—2016	委托"农业部家禽品质监督检测测试中心（扬州）"检测"鸿光麻鸡"肉鸡配套系父母代、商品代生产性能
2014—2016	"鸿光麻鸡"配套系在广西玉林市、桂林市、南宁市、百色市、柳州市等地进行中试应用

1. 基本选育程序

第 1 次选种：出雏时，按家系配戴翅号，选留体型外貌符合要求的个体，淘汰杂色羽、杂色胫以及残次个体。

第 2 次选种：公鸡在 35 日龄左右，选留鸡冠发育明显的个体。母鸡在 56 日龄左右，淘汰鸡冠未发育及面部黄色的个体。

第 3 次选种：70 日龄全群个体称重，主要选择生长发育的均匀度。

第 4 次选种：上笼前全群称重，淘汰体重偏离平均值过大过小的个体，淘汰羽毛颜色不符合要求的、鸡冠发育不良、倒冠和残次个体；同时凭借育种经验选择腿肌、胸肌的发育。

第 5 次选种：300 日龄进行繁殖性能的选择。将选留的公鸡和母鸡随机组建新家系。繁殖下 1 个世代。每个世代收集 1～2 批种蛋，每批留蛋时间为

10 d 左右，通过系谱孵化，按母鸡号套袋落盘，出苗戴翅号和各项系谱记录。

2. 选育方法

（1）选育技术路线

如图 1 所示。

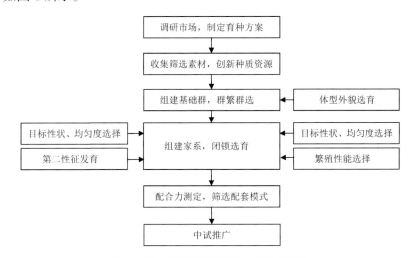

图 1　鸿光麻鸡配套系鸡选育技术路线

（2）生长发育的选择

70 日龄全群个体称重，主要选择生长发育的均匀度。

Q 系：选种前抽称群体 10% 个体称重，统计平均值；根据各世代的选育目标与育种实际情况，前几个（0～2）世代母鸡选留体重在平均值以上 15% 个体，公鸡选留体重在平均值 100%～107% 的个体；后几个世代（3～8）选留体重在平均值 98%～108% 的个体。

N 系：选种前抽称群体 10% 个体体重，统计平均值；根据各世代的选育目标与育种实际情况，母鸡选留体重在平均值 95%～107% 的个体。公鸡选留体重在平均值 96%～106% 的个体。

L 系：选种前抽称群体 10% 个体体重，统计平均值；根据各世代的选育目标与育种实际情况，母鸡选留体重在平均值 95%～110% 的个体。公鸡选留体重在平均值 98%～108% 的个体。

（3）繁殖性能的选择

Q 系：父系公鸡以采精量和精液品质及雄性特征等性状进行选种，母鸡重点选择蛋型和蛋重，不对产蛋数进行选择。

N 系、L 系：采用家系选择与个体选择相结合的方法，首先选择产蛋数在群体平均数以上的家系，淘汰中选家系中产蛋数较低的个体。其次，在淘汰家系中选留产蛋数成绩特别优秀的个体，以防止近交发生。公鸡主要从产蛋数的家系中优秀产蛋个体的同胞中选留。

将选留的公鸡和母鸡随机组建新家系。对新组建的家系进行系谱检查，避免全同胞和半同胞交配。各品系组建家系后继代，繁殖下 1 个世代。每个世代收集 1 ~ 2 批种蛋，每批留蛋时间为 10 d 左右，通过系谱孵化，按母鸡号套袋落盘，出苗戴翅号和各项系谱记录。

（五）群体结构

配套系审定时鸿光麻鸡核心群种鸡存栏 4 790 只，祖代母系存栏 1.2 万套，父系种鸡存栏 6 000 套。父母代种鸡存栏 51 万套。现鸡苗产销量约 6 500 万只 / 年，至 2017 年年底累计销售商品代鸡苗约 1.95 亿只。

（六）饲养管理

1. 饲养方式

包括平养、放养和棚养，以平养方式为主（表 7）。

表 7　不同饲养方式商品代肉鸡饲养密度　（单位：只 /m²）

日龄	平养	放养	棚养
0 ~ 30	30	38	30
31 ~ 60	14	18	15
35 ~ 105	7	12	9

2. 器具

育雏期喂料和饮水用料槽或料桶和真空式饮水器，一般每只鸡需 5 cm 料位或 30 ~ 50 只 / 料桶（口径 30 ~ 50 cm），40 只 / 饮水器；30 d 后每只鸡占料位 12 ~ 13 cm 或 15 只 / 料桶，20 只 / 水桶。

3. 育雏期（1 ～ 28 日龄）的管理

（1）适宜温度雏鸡各周龄的适宜温度参考见表 8。

表 8　育雏温度参考

日龄	育雏器温度（℃）	室温（℃）
1 ~ 3	35	24
4 ~ 7	35 ~ 33	24
2	32 ~ 29	24 ~ 21
3	29 ~ 27	21 ~ 18
4	27 ~ 25	18 ~ 16

（2）饮水与开食

雏鸡饮水 1 ~ 2 h 后开始第 1 次喂食。长途运输的鸡第 1 天尽量用低蛋白的饲料，以后可用正常的雏鸡饲料。最初 4 d 可用拌湿的料，少喂勤添。以后逐渐改为干料。

（3）喂料

1 ~ 10 日龄喂 6 ~ 8 次 /d，11 ~ 20 日龄喂 4 ~ 6 次 /d，21 ~ 35 日龄 3 ~ 4 次 /d。

（4）观察鸡群

每天早上首先要看鸡群分布是否均匀，温度是否适合，鸡群是否有问题，经观察鸡群正常后才开始饲喂。

（5）湿度

1 ~ 7 d 内应经常在走道上撒少许水，湿度保持在 70 % 左右，以后保持在 55 % 左右。

（6）通风换气

换气以保证鸡群温度为前提，人进入鸡舍内不感到沉闷和不刺激眼鼻。舍内氨气浓度在 25 g/m³ 以下。

（7）光照

1 ~ 3 日龄 24 h，光照强度为 10 lx。4 ~ 6 日龄，光照时间每天减少 2 h，直至 8 h 或恒定时数，光照强度 5 ~ 10 lx。

（8）换料

换料过渡 3 d，即 1/3、2/3、3/3 比例拌料过渡。

4. 育肥期（30 ~ 105 日龄）的饲养管理

这段时期鸡只生长较快，应由小鸡料改换成肉鸡料，少喂多餐，晚上要补喂 1 餐，以供给充足的营养，要保证足够的料位和饮水。

由于鸡只代谢旺盛，垫料易潮湿和结块，应经常更换垫料，保持鸡舍空气清新，防止暴发球虫病和其他呼吸道疾病。

5. 疾病防治

同鸿光黑鸡配套系鸡疾病防治方法。

四、推广应用情况

鸿光麻鸡是针对消费需求培育的配套系，主要在华南、西南、华东等地区有广阔的市场。鸿光麻鸡经多年推广，已向社会累计推广父母代种鸡 700 多万套、商品代肉鸡 1.95 亿只。

五、对品种（配套系）的评价和展望

鸿光麻鸡以费需求为新品种选育导向，以优质鸡的基本要求为选育标准，选育过程中根据各专门化品系特点合理分配各性状的选择权重，成功将种鸡产蛋高、生长快的黄脚、麻羽的柳州麻鸡用于青脚鸡配套中，并且是国内首个利用地方鸡种瑶鸡为基础素材通过国家审定的配套系。其父母代种鸡繁殖性能优秀，商品代肉鸡生长速度适中，比传统的地方品种优质鸡有比较大的成本优势。大幅度降低了种蛋生产成本，商品代生长速度和饲料报酬高，饲养成本明显降低，市场前景非常广阔（图 2）。

图 2　鸿光麻鸡配套系商品鸡

黎 村 黄 鸡

一、一般情况

（一）品种（配套系）名称

黎村黄鸡：肉用型配套系。配套系采用父本是 B 系，母本是 C 系组成的二系配套系。

（二）培育单位、培育年份、审定单位和审定时间

培育单位：由广西祝氏农牧有限公司和广西大学、广西壮族自治区畜牧研究所联合培育而成。培育年份：2007—2016 年。2018 年 6 月通过国家畜禽遗传资源委员会审定，2016 年 8 月农业部公告第 2437 号确定为新品种配套系，证书编号：农 09 新品种证字第 71 号，是经国家审定通过的畜禽新品种配套系。

（三）产地与分布

种苗产地在广西玉林市容县，配套系商品代肉鸡销售地分布在广西、广东、海南、贵州、云南等省区，受到客户的青睐。

二、培育品种（配套系）概况

（一）体型外貌

1. 父母代鸡外貌特征

（1）B 系

公母鸡均具有脚胫黄、皮黄、羽黄的"三黄"特征。羽色稍深于 C 系，体圆，胸腿肌发达。

成年公鸡头部及颈部羽毛金黄色，背羽酱红色，腹羽深黄色，主尾羽黑色有金属光泽，喙、胫、皮肤黄色；单冠直立，冠齿 5 ~ 9 个，颜色鲜红，较大，

肉垂鲜红，虹彩红色；耳叶红色；胸宽背平，体躯结实，体型紧凑。

成年母鸡颈羽、尾羽、主翼羽、背羽、鞍羽、腹羽均为黄色或浅黄色；冠、肉垂、耳叶鲜红色，冠高，冠齿 5 ~ 9 个，喙黄色，胫、趾黄色，胫细、短；皮肤黄色。

（2）C 系

成年公鸡颈羽、背羽金黄色，主翼羽、鞍羽、腹羽均为黄色，主尾羽黑色有金属光泽；冠、肉垂、耳叶鲜红色，冠大、冠齿 5 ~ 9 个；喙黄色；胫、趾黄色，胫细；皮肤黄色。

成年母鸡颈羽、主翼羽、背羽、鞍羽、腹羽均为黄色或浅黄色，尾羽黑色；体型呈柚子形；冠、肉垂、耳叶鲜红色，冠高，冠齿 5 ~ 9 个，喙黄色，胫黄色，胫细；皮肤黄色。

2. 商品代鸡外貌特征

公鸡头部及颈部羽毛金黄色，背羽酱红色，腹羽深黄色，主尾羽黑色有金属光泽，喙、胫、皮肤黄色；单冠直立，冠齿 5 ~ 9 个，颜色鲜红，肉垂鲜红，虹彩红色；耳叶红色；胸宽背平，体躯结实，体型紧凑。

母鸡颈羽、主翼羽、背羽、鞍羽、腹羽均为黄色或浅黄色，尾羽黑色；体型呈柚子形；冠、肉垂、耳叶鲜红色，冠高、冠齿 5 ~ 8 个，喙黄色，胫黄色，胫细；皮肤黄色。

（二）体尺体重

成年父母代鸡体重体尺见表 1。

表 1　父母代鸡（300 日龄）体重体尺测定（n=100）

性别	体重（g）	体斜长（cm）	胸宽（cm）	胸深（cm）	龙骨长（cm）	骨盆宽（cm）	胫长（cm）
公	4 320.0 ±280.0	26.3 ±1.3	9.8 ±0.6	12.1 ±0.9	19.5 ±0.8	10.2 ±0.9	9.7 ±0.6
母	2 710.0 ±230.1	22.1 ±1.0	8.1 ±0.6	10.7 ±0.7	16.2 ±0.6	8.6 ±0.6	7.9 ±0.8

（三）生产性能

1. 父母代种鸡生产性能

父母代种鸡主要生产性能见表 2。

表2 父母代种鸡主要生产性能

项目	农业部家禽品质监督检验测试中心（扬州）测定结果	测定结果
开产日龄（d）	135	138
66周龄入舍母鸡产蛋数（个）	178.7	171.9
66周龄饲养日母鸡产蛋数（个）	182.5	179.6
66周龄饲养日母鸡合格种蛋数（个）	171.2	172.0
（0～20）周龄成活率（%）	96.3	95.7
（21～66）周龄成活率（%）	93.8	92.3
（0～20）周龄只耗料（kg）	5.6	6.4
（21～66）周龄只耗料（kg）	30.56	29.53
受精率（%）	95.7	95.4
受精蛋孵化率（%）	93.4	92.8
入孵蛋孵化率（%）	89.4	88.5
健雏率（%）	99.2	99.4
母本母鸡20周龄体重（g）	1 305.1	1 350.4
母本母鸡44周龄体重（g）	1 665.5	1 658.2
母本母鸡66周龄体重（g）	1 794.9	1 765.4

2. 商品代肉鸡生产性能

商品代肉鸡生产性能见表3。

表3 商品代肉鸡生产性能

项目	公司测定结果		农业部家禽品质监督检验测试中心（扬州）测定结果	
	公鸡	母鸡	公鸡	母鸡
出栏日龄（d）	90	110	84	112
体重（g）	1 500	1 600	1 517	1 608
饲料转化比	3.2：1	3.8：1	3.01：1	3.78：1

注：数据分别来源于公司2012年和2013年"公司＋基地＋农户"平均数据，以及2013年8月农业部家禽品质监督检验测试中心（扬州）的测定结果。

（四）屠宰性能和肉质性能

2011年、2013年由公司分别对90日龄公鸡和110日龄商品母鸡进行屠宰测定。结果见表4和表5。

表4　110日龄商品代母鸡屠宰测定情况

项目	2011年	2013年
数量（只）	30	30
体重（g）	1 400.3±122.5	1 446.7±119.6
屠宰率（%）	89.6±3.1	89.9±2.4
半净膛率（%）	78.7±3.1	78.6±4.0
全净膛率（%）	63.8±2.7	63.2±2.8
胸肌率（%）	16.8±1.5	17.1±1.7
腿肌率（%）	19.6±1.7	20.1±1.4
腹脂率（%）	6.7±2.0	6.6±1.9

表5　90日龄商品代公鸡屠宰测定情况

项目	2011年	2013年
数量（只）	30	30
体重（g）	1 496.0±110.8	1 502.8±120.7
屠宰率（%）	89.6±2.3	90.1±2.5
半净膛率（%）	81.7±1.6	82.3±1.8
全净膛率（%）	66.3±1.1	66.5±2.5
胸肌率（%）	17.2±1.3	17.6±1.1
腿肌率（%）	23.1±1.7	23.2±1.3
腹脂率（%）	2.3±0.6	2.2±1.1

三、培育技术工作情况

（一）培育技术路线

育种素材的收集→专门化品系培育→品系杂交组合试验及配套模式的选定→新品种的推广应用。

（二）育种素材及来源

B系来源于玉林的广西三黄鸡和容县霞烟鸡，2003年从玉林兴业县引进广西三黄鸡3 000只（公鸡500只，母鸡2 500只），从容县农科所实验鸡场引进霞烟鸡500只（公鸡100只，母鸡400只）。用霞烟鸡公鸡与广西三黄鸡母鸡杂交，子一代进行闭锁繁育，开展体型外貌、第2性征发育和羽色等选择，作为B系的选育素材。

C 系来源于容县黎村镇的广西三黄鸡，1993 年从黎村镇农户收集成年公鸡 500 只，母鸡 2 500 只，随后进行闭锁繁育，主要开展性成熟、外貌和羽色的选择，作为 C 系的选育素材。

（三）配套系模式

在实际生产中采用的是二系配套生产，即以 B 系为父本和 C 系为母本进行杂交配套生产商品代。

通过杂交和配合力测定，同时结合市场对商品代早期速度、体型外貌特征的要求，最终选定以下模式进行中试应用。

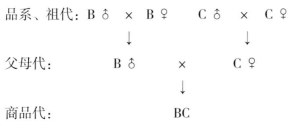

品系、祖代： B ♂ × B ♀　　　C ♂ × C ♀

父母代：　　　　 B ♂　　　 ×　　　 C ♀

商品代：　　　　　　　　 BC

（四）培育过程

从 2007 年开始进行家系选育，从兴业县引进的广西三黄鸡成年公鸡羽毛酱红色，成年母鸡羽色毛黄色，单冠、直立、颜色鲜红，冠齿 5 ~ 8 个，喙、脚、皮肤黄色形状略如柚子形，即前躯较小，后躯肥大。容县黎村镇的广西三黄鸡成年公鸡羽毛金黄色，成年母鸡羽色黄色为主，有少量白羽鸡或其他羽色。单冠、直立、颜色鲜红，冠齿 5 ~ 8 个，20 日龄公鸡冠明显比母鸡冠高大、鲜红；耳叶红色，虹彩橘黄色；喙和皮肤黄色；胫色黄色，少量白色或黑色。霞烟鸡体躯短圆，腹部丰满，羽毛呈淡黄色，喙及脚胫、皮肤黄色，羽毛紧奏，毛片较细，较薄，体型中等，体躯结实。单冠，冠齿 5 ~ 7 个。肉髯、耳叶均呈红色。公鸡淡黄羽，颈色深黄。慢羽，呈现尾羽较短，羽毛生长慢。

未经选育的素材生产性能低下，均匀度差，第二性征发育较差（与其他地方鸡品种相比），特别是各种性能的整齐度差，商品鸡合格率不足 70%，难以形成规模化生产。

玉林三黄鸡体重稍大，产肉好，较适合做父本。容县三黄鸡体重小，但是性成熟较早，第二性征发育好，繁殖性能优于玉林三黄鸡，适合作为配套系的母本。

经过近 12 年选育，各个品系体型外貌一致，各项生产性能显著提高，体重和产蛋的均匀度大幅度改善。适合两广地区消费优质鸡的习惯。

1. 主要选育性状

主要选育性状：羽色、脚色、皮肤色、冠的发育时间及面积、胫骨长度、8 周龄体重、开产日龄、43 周龄产蛋数、43 周龄蛋重等。

初生雏鸡选择：选择纯黄羽色、黄胫色的雏鸡，淘汰杂色羽毛、非黄色和体重过小的雏鸡。

5 周龄选择：本次选种选择的是鸡的第二性征发育性状，选择公鸡鸡冠发育。将冠色转红，开始发育长大的个体留种。

8 周龄选择：父系公母称重，根据体重淘汰体重较小的个体，淘汰标准根据进入个体笼的母鸡需求数，母鸡选留体重为平均体重以上至大于平均体重以上 10％ 之间的个体，公鸡选留体重高于平均体重的 10％ ~ 20％ 的个体。

在选留的群体中，选择纯黄羽色、黄胫色、冠高的鸡。淘汰杂羽色、有色胫、冠头太低或不起冠的鸡。淘汰母鸡鸡冠小而黄的个体。

母系公母称重，公鸡选留平均体重 ±5％ 的个体，母鸡选留平均体重 ±10％ 的个体，具体根据测定群的鸡数适当的调整留种范围。

适当对公母鸡的第二性征发育进行选种，根据测定群的留种鸡数调整选种比例。

20 周龄外貌选择：父系母鸡全群称重，选择黄羽色、黄胫色、冠红发育充分的鸡。淘汰杂羽色、有色胫、冠面积太小、体型体重偏小的鸡。

母系母鸡淘汰杂羽色、有色胫、冠发育不良、面积小的鸡，并淘汰体重过大和过小的鸡。

43 周龄选择：父系以体重均匀度为主选性状，全群个体称重，淘汰体重过大和过小的个体。为提高品系均匀度，公鸡体重只选留体重基本一致的个体参与配种。

母系母鸡以 43 周龄产蛋为主选性状。以家系为单位进行产蛋性能的统计，淘汰平均产蛋成绩差的家系，在选留家系中选留产蛋数高于全群平均产蛋数的个体母鸡，选留产蛋数高于群体平均产蛋数 10％ 母鸡的同胞公鸡。淘汰数根据家系成绩和留种的鸡数适当调整。

2. 选育流程与工作内容

品系选育工作日程见表6。

表6　品系选育工作日程

日龄或周龄	选育工作内容
1 日龄	出壳雏鸡按系谱戴翅号，转入育雏舍分公母饲养
5 周龄	羽色、羽斑、鸡冠发育、胫色测定并选种，淘汰次鸡
8 周龄	全部鸡逐个称重，记录，数据录入电脑，并按体重要求选出合格鸡只。母鸡进行第 2 性征发育选种
17 ~ 18 周龄	鸡白痢检测（第 1 次）；观察每只鸡的羽色、羽斑、冠色、冠头、脚色，淘汰次鸡转舍，母鸡上产蛋鸡单体笼，上脚号，编笼号翅号对照表，相对应记录
20 周龄	全部鸡逐个称重，记录，数据录入电脑，偏轻或偏大的转入生产群
21 ~ 23 周龄	鸡白痢检测（第 2 次），鸡白血病检测（第 1 次）；个体产蛋记录，开产日龄记录
40 ~ 43 周龄	鸡白痢检测（第 3 次），鸡白血病检测（第 2 次）；公母逐个称重，测量体尺，开展个体和家系生长发育和产蛋数和蛋重统计，选留种鸡，组建新家系
44 周龄	调笼，组成新家，按家系配种
45 周龄	收种蛋，按个体系谱收集种蛋，种蛋标记，10 ~ 12 d 一批，18℃冷库存蛋
66 周龄	称重，整理数据资料归档

3. 配合力测定

（1）配合力测定试验方案与杂交组合饲养试验

于 2009 年 7 月 10 日至 2009 年 11 月 10 日在本公司大华育成场肉鸡基地进行 8 个组的饲养试验，每组饲养 200 只母鸡，用于本次配合力测定的新品系全部为小型优质鸡品系，主要有公司培育的 B 系、C 系、A 系（来源于三黄鸡中的隐性白羽，成年母体重 1 600 ~ 1 700 g）、X 系（从容县农科所实验鸡场引进地方品种霞烟鸡，成年母鸡体重 1 800 ~ 1 900 g），分别设计了 4 个亲本对照组 A×A、B×B、C×C 和 X×X；4 个杂交配套组合 B×C、A×C、B×X 和 A×X，进行了商品肉鸡性能测定，结果见表 7。

各组之间体重、成活率差异不显著，料重比除了 C×C 最差外，其余各组间也无显著差异；从羽色表现来看，A×A、A×C 和 A×X 3 个组合出现有白羽，不符合要求。B×X、B×B 和 B×C 3 个组合比较，B×C 父母代母鸡产蛋性能较好，且杂种优势最高，所以最终确定 B×C 为最佳组合。

表 7　不同组合母鸡饲养试验情况

组合	日龄（d）	体重（g）	料重比	成活率(%)	羽色	体重杂交优势率（%）
A×A	110	1 453±138.8	3.70：1	96.50	白羽	0
B×B	110	1 605±128.1	3.80：1	96.00	黄	0
C×C	110	1 432±130.8	4.00：1	95.50	浅黄	0
X×X	110	1 475±134.4	3.90：1	95.50	浅黄	0
B×C	110	1 580±142.2	3.70：1	97.00	黄	4.06
A×C	110	1 480±132.4	3.78：1	96.00	浅黄、有白羽	0
B×X	110	1 511±140.0	3.70：1	96.50	浅黄	0.75
A×X	110	1 475±136.6	3.80：1	97.00	浅黄、有白羽	0

注：数据来源于公司大华育成场肉鸡基地。

从表 8 中看出，除 B×C 组胸肌率和腿肌率较高外，其他指标没有显著差异 [农业农村部家禽品质监督检验测试中心的结果（扬州），胸肌率与公司结果基本相同]。可能是我们在育种的过程中特别强调了胸肌和腿肌的选育，优选的 B×C 组的胸肌和腿肌明显高于其他组合，可能是杂交优势原因。

表 8　不同组合商品肉鸡屠宰测定情况　　　　　　（单位：%）

组别	屠宰率	半净膛率	全净膛率	胸肌率	腿肌率	腹脂率
A×A	90.6±1.6	75.6±4.6	62.2±2.4	14.5±2.5	18.4±2.3	6.5±1.7
B×B	90.2±3.0	78.6.±3.0	62.7±2.8	16.2±2.1	18.7±2.2	6.0±1.4
C×C	88.9±1.2	77.7±2.4	61.7±2.4	15.9±2.3	18.3±2.2	6.1±1.9
X×X	90.7±2.3	80.3±3.2	63.5±2.8	16.1±2.1	19.4±2.4	6.5±1.8
B×C	90.8±1.2	80.5±2.3	64.8±1.4	17.5±1.0	20.3±1.4	6.8±1.5
A×C	87.4±3.8	78.3±3.9	63.3±5.2	15.6±3.0	18.8±2.1	6.7±1.1
B×X	90.6±1.9	79.2±3.2	64.7±1.9	15.3±2.3	18.4±2.3	7.7±1.4
A×X	90.3±2.3	80.3±3.2	63.5±2.8	16.1±2.1	19.4±2.4	6.5±1.8

注：数据来源于公司在大华育成场肉鸡基地屠宰测定。

（2）配套组合筛选与配套模式

根据配合力测定各个配套组合商品肉鸡上市体重、料重比、成活率、羽色、脚胫色、皮肤色、冠发育和屠宰测定的指标，综合评定，以 B 为父系，C 系为母系的组合最佳，杂交优势较明显，故确定 B×C 为选育品系黎村黄鸡的配套组合。

（3）商品肉鸡屠宰测定情况

2011 年、2013 年由公司分别对 90 日龄公鸡和 110 日龄商品母鸡进行屠宰测定。结果见表 9 和表 10。

表 9　90 日龄商品代公鸡屠宰测定情况

项目	2011 年	2013 年
数量（只）	30	30
体重（g）	1 496.0±110.8	1 502.8±120.7
屠宰率（%）	89.6±2.3	90.1±2.5
半净膛率（%）	81.7±1.6	82.3±1.8
全净膛率（%）	66.3±1.1	66.5±2.5
胸肌率（%）	17.2±1.3	17.6±1.1
腿肌率（%）	23.1±1.7	23.2±1.3
腹脂率（%）	2.3±0.6	2.2±1.1

表 10　110 日龄商品代母鸡屠宰测定情况

项目	2011 年	2013 年
数量（只）	30	30
体重（g）	1 400.3±122.5	1 446.7±119.6
屠宰率（%）	89.6±3.1	89.9±2.4
半净膛率（%）	78.7±3.1	78.6±4.0
全净膛率（%）	63.8±2.7	63.2±2.8
胸肌率（%）	16.8±1.5	17.1±1.7
腿肌率（%）	19.6±1.7	20.1±1.4
腹脂率（%）	6.7±2.0	6.6±1.9

（五）群体结构

2012 年父母代种鸡分别饲养在十里种鸡场、大荣种鸡场和黎村种鸡场，入舍母鸡共 28.04 万套；2013 年父母代种鸡分别饲养在十里种鸡场、黎村场和大荣种鸡场，入舍母鸡共 30.2 万套；2012—2013 年连续两年中试应用累计 58.24 万套。2014 年父母代种鸡分别饲养在十里种鸡场、黎村场和大荣种鸡场，入舍母鸡共 56.52 万套；2015 年父母代种鸡分别饲养在十里种鸡场、黎村场和大荣种鸡场，入舍母鸡共 57.47 万套；2014—2015 年连续两年中试应用累计 114 万套。

2012 年、2013 年、2014 年、2015 年分别中试商品代鸡苗 5 856 万只、

6 502 万只、6 526 只、6 754 只，主要在广西壮族自治区内各县及一些专业的养殖公司及一些养殖专业户饲养。公司建肉鸡养殖基地饲养商品肉鸡，并采用公司 + 农户模式，直接或是间接带动 2 000 户农户进行"黎村黄"肉鸡养殖。2012 年在温泉肉鸡基地、大华肉鸡基地和玉林、容县村镇周边养殖户饲养商品肉鸡，入舍母苗共 320 万只，出栏上市肉鸡 305.5 万只；2013 年在温泉肉鸡基地、大华肉鸡基地和玉林、容县村镇周边养殖户饲养商品肉鸡，入舍母苗共 350 万只，出栏上市肉鸡 333.2 万只；4 年饲养商品肉鸡，入舍母苗共 1 450 万只，出栏上市肉鸡 1 385.9 万只。

（六）饲养管理

1. 饲养方式

包括平养、放养和棚养，以平养饲养方式为主（表 11）。

表 11　不同饲养方式商品代肉鸡饲养密度　　（单位：只 /m²）

日龄	平养	放养	棚养
0 ~ 30	25	30	25
31 ~ 60	12	23	16

2. 器具

育雏期喂料和饮水用料槽或料桶和真空式饮水器，一般每只鸡需 5 cm 料位或 30 ~ 50 只 / 料桶（口径 30 ~ 50 cm），40 只 / 饮水器；30 d 后每只鸡占料位 12 ~ 13 cm 或 15 只 / 料桶，20 只 / 水桶。

3. 育雏期（1 ~ 28 日龄）的管理

（1）适宜温度雏鸡各周龄的适宜温度参考见表 12。

表 12　育雏温度参考　　（单位：℃）

周龄	育雏器温度	室温
1 ~ 3	35	24
4 ~ 7	35 ~ 33	24
2	32 ~ 29	24 ~ 21
3	29 ~ 27	21 ~ 18
4	27 ~ 25	18 ~ 16

（2）饮水与开食

刚接的雏鸡应先供给清洁的饮水，水中可加 3 % ~ 5 % 的红糖、复合多元维生素、预防量的抗生素等，8 h 后开始喂料开食。

（3）喂料

1 ～ 10 日龄喂 6 ～ 8 次 /d，11 ～ 20 日龄喂 4 ～ 6 次 /d，21 ～ 35 日龄 3 ～ 4 次 /d。

（4）观察鸡群

每天早上首先要看鸡群分布是否均匀，温度是否适合，鸡群是否有问题，经观察鸡群正常后才开始饲喂。

（5）湿度

育雏前 10 d 鸡舍内的湿度 60 % ～ 65 %，以后为 55 % ～ 60 %。在烧煤炉保温时舍内湿度一般不足，容易引发呼吸道问题，此时要在煤炉上放 1 桶或 1 盆水，利用煤炉的热量蒸发出水蒸气而提高鸡舍的湿度。

（6）通风换气

换气以保证鸡群温度为前提，人进入鸡舍内不感到沉闷和不刺激眼鼻。舍内氨气浓度在 25 g/m^3 以下。

（7）光照

光照 1 ～ 3 d 每天 24 h，4 d 后每天光照 23 h，黑暗 1 h。

（8）换料

29 d 开始换肉鸡料，换料过渡 3 d，即 1/3、2/3、3/3 比例拌料过渡。

4. 育肥期（29 ～ 65 日龄）的饲养管理

这段时期鸡只生长较快，应由小鸡料改换成肉鸡料，少喂多餐，晚上要补喂 1 餐，以供给充足的营养，要保证足够的料位和饮水。

由于鸡只代谢旺盛，垫料易潮湿和结块，应经常更换垫料，保持鸡舍空气清新，防止暴发球虫病和其他呼吸道疾病。

5. 疾病防治

防疫：严格按免疫程序做好各种疾病的防治工作；针对性做好各种细菌性疾病的药物预防。活疫苗要求在 45 min 内接种完，不能用含消毒药的水作饮水免疫；饮水免疫前要把水箱、水管、饮水器等彻底洗净，鸡群断水 1 ～ 2 h。

每天做好鸡舍内外环境卫生工作，清洗饮水器具。

定期清理鸡粪，保证鸡粪或垫料干燥。

对病死鸡进行焚烧、深埋等无害化处理。

免疫程序推荐见表 13。

表 13　免疫程序推荐

日龄	疫苗	接种方式
1	马立克	皮下注射
	新支二联苗	滴眼滴鼻
5	POX 小鸡痘苗	刺种
7 ~ 10	ND. IBV 二联苗	滴眼滴鼻
	ND. IBV. ILT 油苗	皮下注射
12 ~ 14	IBD	饮水
25	ND（lasota）	滴眼滴鼻
45	II 系或 lasota	滴眼滴鼻

（七）培育单位概况

1. 培育单位概况

广西祝氏农牧有限责任公司成立于 1993 年（前身为容县祝氏三黄鸡种鸡场），是从事地方品种优质鸡选育、种鸡生产、种苗孵化和商品肉鸡养殖的综合性省级农业产业化重点龙头企业。荣获海峡两岸（广西玉林）农业合作试验区种鸡生态养殖示范基地和农业农村部首批创建国家级标准化肉鸡生产示范基地，"自治区重点种禽场"和"健康种禽场"等称号。

"优质鸡新品种'黎村黄'的培育 2006 年度玉林市科技进步三等奖"；"优质'黎村黄'鸡的选育及标准化生产示范 2010 年度广西科技进步三等奖"；获得"2002 年度广西家禽业协会先进单位"；"广西优质品牌鸡"和"2009 中国黄羽肉鸡行业二十强优秀企业"等荣誉。

公司资产总额 1.035 亿元，年销售额 2.7 亿元。育种场占地 80 亩，个体笼位 27 528 个，黎村黄核心群种鸡 10 600 只。存栏祖代种鸡 4.2 万套，父母代种鸡存栏 58 万套，年孵化种蛋 7 000 多万个，年销售商品代鸡苗 6 000 多万只，上市商品代肉鸡 650 万只。

公司有员工 508 人。技术管理人员 47 人，其中高级职称 1 人，中级职称 17 人，初级职称 29 人。育种组人员 15 人，其中中级职称以上 3 人。公司与广西大学动物科学技术学院、广西壮族自治区畜牧研究所技术合作，聘请 3 位专家教授为公司技术顾问。

公司先后参加实施"优质'黎村黄'鸡的选育及标准化生产示范""科学养鸡创高产""大棚舍养鸡综合技术开发""霞烟鸡保种""霞烟鸡标准修订""霞烟鸡种质资源保护""优质鸡新品种黎村黄的培育""优质土鸡新品种黎村黄的中试转化""全国肉鸡养殖标准化示范创建"和"地方品种鸡禽白血病净化与防控"等多个科研推广应用项目。

2. 参与培育单位概况

（1）广西大学

广西大学现设 30 个学院，学科涵盖哲、经、法、文、理、工、农、管、教、艺十大学科门类，有 94 个本科专业。

广西大学动物科学技术学院现有在职教职工 124 名，专职教师 86 人，其中教授 31 人，研究员 6 人，博士生导师 18 人，硕士生导师 70 人。目前学院由畜牧、兽医、水产 3 个一级学科组成，有动物科学、动物医学、水产养殖 3 个本科专业。下设水产动物学、兽医基础学、预防兽医学、动物生产学、遗传育种与繁殖和兽医临床学 6 个教研室；近 4 年学院承担国家级科研项目 33 项，省部级 85 项，厅局级 54 项，到位科研经费 6 573.719 万元。发表论文 1 002 篇，其两大索（SCI/EI）引文论文 162 篇，国内核心期刊 489 篇，著作 34 部，国家发明专利 10 项，4 年来获得各类科技奖 14 项。学院在动物繁殖与品种改良、畜禽疾病防治等方面的研究卓有成效，一些项目在国内外处于领先地位。

广西大学养禽与禽病研究所是目前广西唯一服务于养禽业，集科研、教学和科技推广于一体的一所专业研究机构。现有教授 3 人，副教授 7 人。主持承担家禽育种、饲料营养、饲养、疾病防治等方面的科研课题近 20 项，其中获广西科学技术进步奖二等奖 4 项、三等奖 5 项以及地市级科技成果奖多项。

（2）广西壮族自治区畜牧研究所

现有专业技术人员 143 人，其中高级职称 19 人，中级职称以上 73 人。长期从事家畜家禽繁育、品种改良、牧草研究。养禽研究室近年来先后承担了"广西优质三黄鸡选育改良研究""矮脚鸡的选育及矮小基因在肉鸡生产中的应用""银香麻鸡配套系选育研究及推广应用""银香麻鸡、霞烟鸡早熟品系选育与应用""广西地方优良鸡品种繁育、改良""广西地方鸡活体基因库建设及种质资源创新利用" "优质鸡高效健康养殖关键技术研究与应用示范" 等20 多项科技研发；荣获省级科技成果三等奖 4 项，市级科技成果一等奖 1 项，厅级二等奖 2 项，厅级三等奖 5 项。

四、推广应用情况

2012 年、2013 年、2014 年、2015 年分别中试商品代鸡苗 5 856 万只、6 502 万只、6 526 只、6 754 只，主要在广西区内各县及一些专业的养殖公司及一些养殖专业户饲养。公司建肉鸡养殖基地饲养商品肉鸡，并采用公司 + 农户模式，直接或是间接带动 2 000 户农户进行 "黎村黄" 肉鸡养殖。2012 年在温泉肉鸡基地、大华肉鸡基地和玉林、容县村镇周边养殖户饲养商品肉鸡，入舍母鸡苗共 320 万只，出栏上市肉鸡 305.5 万只；2013 年在温泉肉鸡基地、大华肉鸡基地和玉林、容县村镇周边养殖户饲养商品肉鸡，入舍母鸡苗共 350 万只，出栏上市肉鸡 333.2 万只；4 年饲养商品肉鸡，入舍母鸡苗共 1 450 万只，出栏上市肉鸡 1 385.9 万只。商品代鸡苗畅销广西近几十个县市及远销华南、西南等省区，受到客户的青睐。

五、对品种（配套系）的评价和展望

选育成的黎村黄鸡，主要性状性能遗传稳定，父母代外貌特征明显，产蛋量多，明显优于原广西三黄鸡和霞烟鸡。通过父母代鸡和商品肉鸡的中试应用，结果表明黎村黄鸡父母代产蛋量高，大幅降低饲养种鸡的生产成本；商品肉鸡整齐度高，抗病力强，产肉性能好，饲养效果好，得到养殖户和消费市场认可和喜爱，黄鸡羽色纯，光泽亮丽，体重均匀，体型体重适合市场需要，适应性强，饲养成活率高，肉质风味好，已成为地方优质品种鸡的品牌，与国内相同品种相比具有很好的竞争力。随着国内优质品种鸡市场份额增加，黎村黄鸡父母代和商品鸡的应用前景有更加宽广的空间。黎村黄鸡配套系商品鸡如图 1 所示。

图 1　黎村黄鸡配套系商品鸡

参皇鸡 1 号

一、一般情况

（一）品种（配套系）名称

参皇鸡 1 号：肉用型配套系。由 202 系（祖代母本）、201 系（终端父本）、317 系（第 1 父本）组成的三系配套系。

（二）培育单位、培育年份、审定单位和审定时间

培育单位：广西参皇养殖集团有限公司和广西壮族自治区畜牧研究所；培育年份：1995—2016 年；2016 年 8 月农业部公告第 2437 号确定为新品种配套系，证书编号：农 09 新品种证字第 75 号，是经国家审定通过的畜禽新品种配套系。

（三）产地与分布

种苗产地在广西玉林市，配套系商品代肉鸡销售地分布在广东、广西等地。通过饲养观察，证明参皇鸡 1 号配套系父母代种鸡饲料消耗少，产蛋性能稳定；商品代具有体型外貌一致、遗传性能稳定、饲料转化率高、抗病力强等优点，深受广大养殖户和消费者的欢迎。

二、培育品种（配套系）概况

（一）体型外貌

1. 配套品系外貌特征

201 系：体型中等、胸较宽。雏鸡公、母鸡均为黄羽、黄胫、单冠；成年公鸡为正常型、黄胫、单冠大而红，冠齿 5 ~ 8 个，冠、肉垂、耳叶鲜红色，喙、皮肤、胫均为黄色，头部、颈部、腹部羽毛淡黄色，背部羽毛金黄色，尾

羽黑色；成年母鸡正常型、颈羽、尾羽、主翼羽、背羽、鞍羽、腹羽均为浅黄色，部分尾部末端的羽毛为黑色，黄皮肤、蛋壳颜色为粉褐色。

317系：体型矮小、紧凑。雏鸡公、母鸡均为黄羽、黄胫、单冠；成年公鸡为矮小型、黄胫，单冠直立，冠齿5～8个，冠、肉垂、耳叶鲜红色，喙、皮肤、胫均为黄色，头部、颈部、腹部羽毛黄色，颈部略有芝麻样黑点，背部羽毛金黄色，尾羽黑色；成年母鸡为矮小型，颈羽、尾羽、主翼羽、背羽、鞍羽、腹羽均为黄色，颈部略有芝麻样黑点，部分尾部末端的羽毛为黑色，黄皮肤、蛋壳颜色为粉褐色。

202系：体型较小、体态匀称。雏鸡公、母鸡均为黄羽、黄胫、单冠；成年公鸡为正常型、黄胫，单冠大而红，冠齿5～8个，冠、肉垂、耳叶鲜红色，喙、皮肤、胫均为黄色，头部、颈部、腹部羽毛浅黄色，背部羽毛金黄色，尾羽黑色；成年母鸡正常型、颈羽、尾羽、主翼羽、背羽、鞍羽、腹羽均为浅黄色，部分尾部末端的羽毛为黑色，黄皮肤、蛋壳颜色为粉褐色。

2. 父母代鸡外貌特征

父母代公鸡：体型中等、胸较宽。雏公鸡为黄羽、黄胫、单冠；成年公鸡为正常型、黄胫，单冠大而红，冠齿5～8个，冠、肉垂、耳叶鲜红色，喙、皮肤、胫均为黄色，头部、颈部、腹部羽毛浅黄色，背部羽毛金黄色，尾羽黑色。

父母代母鸡：体型矮小，紧凑。雏母鸡为黄羽、黄胫、单冠；成年母鸡为矮小型，颈羽、尾羽、主翼羽、背羽、鞍羽、腹羽均为黄色，部分尾部末端的羽毛为黑色，黄皮肤、蛋壳颜色为粉褐色。

3. 商品代鸡外貌特征

雏鸡公、母鸡均为黄羽、黄胫、单冠；成年公鸡羽毛金黄色；喙、胫、皮肤黄色。成年母鸡羽毛淡黄色；喙、胫、皮肤为黄色，胫细短。

（二）体尺体重

成年父母代鸡体重体尺见表1。

表1　父母代鸡（300日龄）体重体尺测定（n=100）

性别	体重（g）	胫长（cm）	胫围（cm）	体斜长（cm）	龙骨长（cm）	胸宽（cm）
公	2 344.30±196.04	8.25±0.34	4.65±0.18	24.65±1.01	10.31±0.42	8.35±0.34
母	1 539.26±128.67	6.55±0.27	3.43±0.14	19.34±0.78	8.86±0.37	6.66±0.27

(三) 生产性能

1. 父母代种鸡生产性能

父母代种鸡主要生产性能见表 2。

表 2　父母代种鸡主要生产性能

项目	培育单位测定和中试反馈结果	农业农村部家禽品质监督检验测试中心（扬州）检验结果
生长期（至 22 周龄）		
（0 ~ 22）周龄存活率（%）	98.0 ~ 98.5	98.7
初生重（g）	29.0 ~ 31.0	30.7
6 周龄体重（g）	300.0 ~ 330.0	320.7
22 周龄体重（g）	1 150.0 ~ 1 250.0	1 227.0
44 周龄体重（g）	1 450.0 ~ 1 550.0	1 506.8
（0 ~ 22）周龄耗料量（kg/ 只）	5.80 ~ 6.00	5.91
产蛋期（至 66 周龄）		
受精率（%）	94.0 ~ 95.0	95.2
受精蛋孵化率（%）	91.0 ~ 92.0	92.3
入孵蛋孵化率（%）	86.5 ~ 87.5	87.9
健雏率（%）	98.0 ~ 99.0	99.3
开产日龄（产蛋率 5%）（d）	135.0 ~ 140.0	143.0
开产体重（g）	1 050 ~ 1 150	1 091.5
66 周龄入舍母鸡产蛋数（HH）（个）	175.0 ~ 180.0	181.7
66 周龄饲养日母鸡产蛋数（HD）（个）	179.0 ~ 183.0	185.1
66 周龄入舍母鸡产合格种蛋数（个）	158.0 ~ 161.0	163.9
饲养日母鸡产合格种蛋数（个）	162.0 ~ 165.0	167.0
25 ~ 66 周龄种蛋受精率（%）	95.0 ~ 96.0	95.6
25 ~ 66 周龄受精蛋孵化率（%）	91.0 ~ 92.0	92.1
健雏率（%）	98.0 ~ 99.0	99.4
（23 ~ 66）周龄存活率（%）	94.0 ~ 96.0	96.0
（23 ~ 66）周龄耗料量（kg/ 只）	22.5 ~ 23.5	22.7

2. 商品代肉鸡生产性能

商品代肉鸡生产性能见表 3。

表3　商品代肉鸡生产性能

性能	性能指标	
数据来源	培育单位测定和中试反馈结果	农业农村部家禽品质监督检验测试中心（扬州）检验结果
生长性能（至上市）		
初生重（g）	28.0 ~ 30.0	29.4
（0 ~ 15）周龄公鸡存活率（%）	94.0 ~ 96.0	96.2
15 周龄公鸡体重（g）	1 550.0 ~ 1 650.0	1 615.3
15 周龄公鸡饲料转化比	（3.30 ~ 3.40）:1	3.33：1
（0 ~ 15）周龄母鸡存活率（%）	95.0 ~ 96.0	97.0
15 周龄母鸡体重（g）	1 480.0 ~ 1 550.0	1 528.4
15 周龄母鸡饲料转化比	3.55 ~ 3.65	3.57：1

（四）屠宰性能和肉质性能

105 日龄商品代公鸡、母鸡，屠宰测定及肉质检测结果见表4。

表4　105 日龄商品代屠宰测定及肉质测定结果（n=20）

性能	性能指标	
数据来源	培育单位测定和中试反馈结果	农业农村部家禽品质监督检验测试中心（扬州）检验结果
公鸡		
屠宰率（%）	90.0 ~ 92.0	92.4
半净膛率（%）	80.0 ~ 83.0	85.1
全净膛率（%）	65.0 ~ 68.0	70.8
胸肌率（%）	16.0 ~ 17.0	17.6
腿肌率（%）	24.0 ~ 26.0	28.2
腹脂率（%）	1.5 ~ 2.5	1.9
母鸡		
屠宰率（%）	89.5 ~ 91.5	92.4
半净膛率（%）	79.0 ~ 81.0	83.0
全净膛率（%）	66.0 ~ 68.0	66.8
胸肌率（%）	15.0 ~ 16.0	16.4
腿肌率（%）	21.0 ~ 23.0	21.0
腹脂率（%）	3.0 ~ 6.0	8.1

经广西壮族自治区分析测试研究中心检测，参皇鸡1号商品代的肉质指标见表5。

表5　105日龄参皇鸡1号商品代各营养成分

项目	公鸡	母鸡	平均
水分（%）	73.6	73.5	73.55
氨基酸总量（%）	21.16	20.54	20.85
肌苷酸（mg/kg）	3 130	3 390	3 260
亚油酸（mg/kg）	2 567.3	2 224.4	2 395.9
亚麻酸（mg/kg）	94.6	99.6	97.1
粗蛋白质（%）	25.0	24.6	24.8
粗脂肪（%）	1.14	1.31	1.23

（五）营养需要

参皇鸡1号配套系父母代种鸡营养需要见表6，商品代肉鸡营养需要见表7。

表6　父母代种鸡营养需要

项目	代谢能≥kJ/kg	粗蛋白≥（%）	赖氨酸≥（%）	蛋氨酸≥（%）	钙（%）	总磷（%）
育雏期	12 138.9	19	0.95	0.40	0.9	0.45
育成期	11 511.1	16	0.75	0.35	1.2	0.45
预产期	11 929.7	17	0.75	0.35	1.5	0.45
产蛋期	11 720.4	17	0.80	0.45	3.0	0.45
公鸡料	11 929.7	18	0.85	0.40	1.2	0.45

表7　商品代肉鸡营养需要

项目	代谢能≥（kJ/kg）	粗蛋白≥（%）	赖氨酸≥（%）	蛋氨酸≥（%）	钙（%）	总磷（%）
小鸡料	12 055.3	20.5	1.0	0.6	1	0.45
肉鸡料	12 976.1	18.5	0.9	0.5	1	0.45

三、培育技术工作情况

（一）培育技术路线

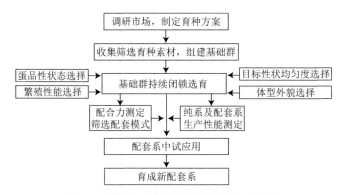

图1　参皇鸡1号鸡配套系培育技术路线

（二）育种素材及来源

祖代母本来源于广西玉林市福绵区收集的传统型广西三黄鸡品种素材，经过 5 年的大群选育，体型外貌等性状基本稳定。

第 1 父本 317 系来源于广东引进的节粮型黄鸡素材，经过与广西三黄鸡杂交后，进行横交固定，经过 3 年的体型外貌选育，体型外貌等性状稳定遗传。

终端父本 201 系来源于广西容县黎村胸肌丰满、早熟性好的广西三黄鸡，经过 3 年大群选育，体型外貌等性状稳定遗传。

（三）配套系模式

参皇鸡 1 号配套系为三系配套，201 系为终端父本，是经过系统选育的体重稍大，羽毛纯黄，胸肌丰满、早熟性好的广西三黄鸡品系；317 系为第 1 父本，是经过系统选育毛色纯黄、颈部略有芝麻样黑点、性成熟好、含性连锁矮小基因的体型矮小的节粮型品系；202 系为祖代母本，是经过系统选育的传统的广西三黄鸡品系。具体配套系的组成与模式如下。

纯系：　　201 系　　　　317 系　　　202 系

祖代：　　201B ♂♀　　　317 ♂　×　202 ♀

父母代：　201 ♂　　　×　　　F_1 ♀

商品代：　　参皇鸡 1 号 ♂♀

（四）培育过程

1995—2000 年：收集筛选广西玉林市福绵优质的广西三黄鸡品种，进行大群选育和繁殖，2000 年，成立肉鸡养殖公司进行一体化养殖工作。

2001—2003 年：收集玉林市容县黎村胸肌丰满、早熟性好的广西三黄鸡素材，广东地区隐性白羽素材和节粮型矮脚黄鸡素材。

2004—2009 年：对素材进行整理、筛选和培育，并组建了 201 系、202 系、317 系等品系基础群。

2010—2015 年：分别对组建的几个品系进行了 5 个世代闭锁家系选育，几个品系的生产性能均能按既定的育种目标方向有一定的育种进展。

2012 年 9 月至 2013 年 12 月：进行配合力测定。通过对不同杂交组合的体型外貌和生产性能的综合评估分析，筛选出最优组合，进行中试。

2014 年 1 月至 2016 年 1 月：参皇鸡 1 号配套系父母代种蛋送农业部家禽品质监督检测测试中心（扬州）检测。

2014—2015 年：参皇鸡 1 号配套系在广西玉林市、南宁市、桂林市、柳州市和百色市等地进行了中试推广。共中试父母代种鸡 128 万套，商品代肉鸡 1.894 亿只。基本选育程序及方法如下。

1. 初生雏选择

选留羽色性状及外貌特征符合品系要求的健雏，淘汰杂色羽，青脚等个体。并抽称群体初生重。每世代孵化 2~3 批，保证每个家系的每只母鸡后代有 3 只健公雏和 5 只健母雏后代，并按系谱佩戴连续翅号。

2. 30 ~ 40 日龄选择

育雏转育成期间，选留羽毛颜色均一，无杂毛，体格健壮，被毛紧凑、胫色、肤色等符合品系要求个体，淘汰公鸡起冠迟个体，以及有体格缺陷、发育不良的个体。

3. 11 周龄公鸡体重选择

201 系：全群称重，统计平均值；体重在平均值以上 5% ~ 20% 的作为留种范围。

202 系：全群称重，统计平均值；体重在平均值以下 15% 至平均值以上 15% 作为留种范围。

317 系：全群称重，统计平均值；体重在平均值以下 10% 至平均值以上 5% 作为留种范围。

4. 13 周龄母鸡体重选择

201 系：全群称重，统计平均值；体重在平均值以下 15% 至平均值以上 35% 作为留种范围。

202 系：全群称重，统计平均值；体重在平均值以下 35% 至平均值以上 35% 作为留种范围。

317 系：全群称重，统计平均值；体重在平均值以下 25% 至平均值以上

15% 作为留种范围。

5.15 周龄疾病净化

鸡白痢沙门氏菌第 1 次普检，淘汰鸡白痢阳性及可疑个体。

6.18 周龄体重、胫长、胫围整齐度选择

全群个体测定，淘汰不符合要求个体，在此基础上选留健康、被毛紧凑均一、骨骼坚实无变形、冠髯大而鲜红，羽色、肤色、胫色符合品系要求的个体。公鸡要求性反射良好，母鸡要求耻骨松软。

201 系：全群测量，分别统计体重、胫长、胫围平均值；公鸡体重在平均值以上 20% 作为留种范围，母鸡体重在平均值以下 15% 至平均值以上 25% 作为留种范围，然后胫长和胫围淘汰 30% 偏高和偏粗的个体。

202 系：全群测量，分别统计体重、胫长、胫围平均值；公鸡体重在平均值以下 15% 至平均值以上 15% 作为留种范围，母鸡体重在平均值以下 25% 至平均值以上 25% 作为留种范围，然后胫长和胫围淘汰 10% 偏高和偏粗的个体。

317 系：全群测量，统计体重、胫长、胫围平均值；公鸡体重在平均值以下 20% 至平均值以上 5% 作为留种范围，母鸡体重在平均值以下 25% 至平均值以上 15% 作为留种范围，然后胫长和胫围淘汰 10% 偏高粗和 10% 偏矮细的个体。

7. 基因剔除

全检 201 系公母鸡，将抗凝血送至广州市权诚生物科技有限公司检测隐性白基因，剔除杂合子个体；全检 317 系公母鸡，将抗凝血送至广州市权诚生物科技有限公司检测 dw 基因纯合度，剔除不纯个体。

8.20 周龄疾病净化

鸡白痢沙门氏菌第 2 次普检和禽白血病普检，淘汰禽白血病和鸡白痢沙门氏菌阳性及可疑个体。

9.23 周龄（性成熟）公鸡选择

选留精液量多、颜色呈乳白色，精子密度大、活力高的公鸡。淘汰不起冠、耻骨张开迟的母鸡个体。

10.43 周龄选择

统计 300 日龄家系平均产蛋数，317 系和 202 系采用家系选择方法，母鸡选

留产蛋数超过平均数的家系，公鸡的选留主要集中在家系产蛋平均数在前10位的家系中选留。201系母鸡选留平均产蛋数附近的40个家系，公鸡的选留根据统计公鸡受精率测定家系成绩排在前15位的家系中选留。

通过随机交配方法组建继代核心群，建立80家以上的新家系。并根据系谱检查，避免出现近亲交配。

（五）群体结构

配套系审定时参皇鸡1号核心群种鸡存栏6 000只，祖代种鸡存栏3万套，父母代种鸡存栏20万套。参皇鸡1号配套系在广西玉林市、南宁市、桂林市、柳州市和百色市等地进行了中试推广，共中试父母代种鸡128万套，商品代肉鸡1.894亿只。

（六）饲养管理

1. 饲养方式

①层叠式鸡笼一卡是1.4 m长，0.7 m宽，一卡0.98 m²，按1 m²算。

②饲养期35 ~ 42 d，最终是30 ~ 40羽/m²，按30 ~ 40羽/m²投苗。

③21 d后，育雏笼要全部扩栏完毕，包括底层。饲养密度参考见表8。

表8 饲养密度参考标准

周龄	平养（m²）	笼养（层叠式）	工具配备要求
1	40羽/m²	60 ~ 70羽/格	开食盘100羽/个
2	30羽/m²	50 ~ 60羽/格	料筒33羽/个
3	25羽/m²	40 ~ 50羽/格	水壶50羽/个
4	15 ~ 20羽/m²	30 ~ 40羽/格	乳头15羽/个 料位置5cm/羽

2. 器具

育雏期喂料和饮水用料槽或料桶和真空式饮水器，一般每只鸡需5 cm料位或30 ~ 50只/料桶（口径30 ~ 50 cm），40只/饮水器；30 d后每只鸡占料位12 ~ 13 cm或15只/料桶，20只/水桶。

3. 育雏期（1 ~ 28日龄）以保温为主，抓成活率

（1）育雏温度要求

第1周（1 ~ 7 d）保温架内的温度：1 ~ 3 d保持在36 ~ 35 ℃，4 ~ 5 d保持34 ~ 33 ℃，以后每周降2 ℃。

（2）判断温度合适标准

除了看温度计，更强调"看鸡施温"，如鸡苗都围在煤炉周围或堆在角落里，发出"叽叽"的叫声，就表示温度低；如果鸡都远离煤炉，张嘴呼吸，就表示温度高；如鸡苗分布均匀，吃料的吃料，睡觉的睡觉，嬉戏的嬉戏，则表示温度合适。

（3）分小栏饲养标准

分群饲养，每栏 1 000 ~ 1 500 只最合适。

（4）判断通风换气合适标准

以人进入无刺眼、刺鼻感为标准。

（5）通风换气方法

通风应遵循"先上面后下面，先里面后外面"的方法，不可让冷风、"贼风"直接吹在鸡身上。可根据情况打开通风带，也可以采用间隙式通风，通风同时应保证鸡舍内的温度达到 30 ℃左右。

（6）光照

1 ~ 3 日龄 24 h 光照，4 日龄后采用每天 23 h 光照，1 h 黑暗。

4. 育肥期（29 ~ 115 日龄）的饲养管理

此阶段的饲养管理工作最重要，养鸡是否获利就看这一阶段。密切注意肠道疾病及呼吸道疾病的发生，同样也要防应激、多喂中草药、做好药物预防及搞好卫生消毒工作。

由小鸡料更换为肥鸡料，先给鸡群调整好肠胃，然后进行后期育肥。

按照规定喂长料，注意观察鸡群，发现异常情况，及时处理。

注意杀虫并且检查鸡体外寄生虫。

5. 疾病防治

防疫：严格按免疫程序做好各种疾病的防治工作；针对性做好各种细菌性疾病的药物预防。活疫苗要求在 45 min 内接种完，不能用含消毒药的水作饮水免疫；饮水免疫前要把水箱、水管、饮水器等彻底洗净，鸡群断水 1 ~ 2 h。

用药需在技术人员指导下进行，肉鸡饲养过程所使用药物必须符合国家相关法律法规，不符合标准要求的药物和非公司提供的药物严禁使用于肉鸡养殖中。

每天做好鸡舍内外环境卫生工作，清洗饮水器具。

定期清理鸡粪，保证鸡粪或垫料干燥。

对病死鸡进行无害化处理。

免疫程序推荐见表9。

表9　免疫程序推荐

接种日龄	疫苗	接种剂量	接种方法
1～3	新支二联苗（IB/491）	1.5 羽份	点眼、滴鼻各1滴
9	法氏囊弱毒苗	2 羽份	饮水
12	新支二联苗（H120）	1.5 羽份	点眼、滴鼻各1滴
	油苗（H5、H9+ND）	0.5 mL	颈部皮下注射
20	法氏囊中毒苗	2 羽份	饮水
28	传喉苗	1.0 羽份	点眼
40	新流二联油苗（ND+H9）	0.3 mL	右边翅根肌内注射
	禽流感H5	0.3 mL	左边翅根肌内注射
50	新城疫Clone30	2 羽份	点眼

（七）培育单位概况

1. 广西参皇养殖集团有限公司

广西参皇养殖集团有限公司成立于2000年，是一家集科研、种鸡繁育、饲料生产、肉鸡养殖、农牧设备生产、粮食贸易等产业链一体化，员工1 300多人，合作农户1万多户的跨省、跨地区的农业产业化国家重点龙头企业，2019年参皇集团存栏种鸡250万套，年产鸡苗2.5亿羽，年出栏优质鸡8 600万羽，三项业务规模均跃居全国前10位，年产饲料100万t，规模全国50强。2019年总产值30多亿元，广西十强饲料企业，连续6年被评为广西企业100强、广西民营企业50强。

参皇集团组建了动物营养与饲料、生物技术、动物育种、防疫防病等全面的研发团队和体系，拥有博士、硕士20多名。经过不懈的努力与攻关，集团技术研究中心在品种选育、饲料科研成果获得具自主知识产权的核心技术10多项，行业先进水平的核心产品30多项。新培育桂凤麻鸡、瑶凤鸡、乌凤鸡、稻花鸡等20个优势品种，各项技术指标均达到业内优秀水平。在添加剂、预混料和配合饲料、替代原料等方面拥有多项核心技术和大量的技术成果，确保饲料技术处于先进水平。参皇集团技术研究中心先后被授予"广西优质肉鸡养殖工程技术中心"和"广西壮族自治区企业技术中心"的称号，集团被认定为"高新技术企业""广西瞪羚企业"等荣誉称号，参皇肉鸡荣获"中国名牌农产品""广西名牌产品"等荣誉称号，参皇商标被认定为"广西著名商标"。

2. 广西壮族自治区畜牧研究所

现有专业技术人员 143 人，其中高级职称 19 人，中级职称以上 73 人。长期从事家畜家禽繁育、品种改良、牧草研究。养禽研究室近年来先后承担了"广西优质三黄鸡选育改良研究""矮脚鸡的选育及矮小基因在肉鸡生产中的应用""银香麻鸡配套系选育研究及推广应用""银香麻鸡、霞烟鸡早熟品系选育与应用""广西地方优良鸡品种繁育、改良""广西地方鸡活体基因库建设及种质资源创新利用""优质鸡高效健康养殖关键技术研究与应用示范"等 20 多项科技研发；荣获省级科技成果三等奖 4 项，市级科技成果一等奖 1 项，厅级二等奖 2 项，厅级三等奖 5 项。先后与企业合作培育了桂凤二号黄鸡配套系、金陵花鸡配套系、黎村黄鸡配套系、鸿光黑鸡配套系、参皇鸡 1 号配套系等。

四、推广应用情况

参皇鸡 1 号配套系在广西玉林市中试推广父母代种鸡 128 万套，在广西玉林、南宁、桂林、柳州和百色等地中试推广商品代肉鸡 1.894 亿只。市场反馈：该配套系父母代种鸡属于矮小型，耗料少，比正常型节粮约 15%，易于饲养，生产性能稳定，繁殖能力好；商品代肉鸡属于正常型，适应"公司＋农户"的放养模式，成活率高，饲料报酬适中，同时肉鸡毛色纯黄，均匀度好，体型体重适中，肉质鲜美，符合广西绝大部分消费者的习俗，深受好评，养殖效益相对较高。

五、对品种（配套系）的评价和展望

参皇鸡 1 号配套系育种目标是培育能取代传统广西三黄鸡的高效、节粮的优质肉鸡品种，从而提高企业竞争能力。同时，通过降低生产成本，能将优质的肉鸡品种推广到更大的市场范围，吸引更多消费者进行购买消费。因此，参皇鸡 1 号配套系具有良好的市场空间和竞争优势，推广应用前景良好（图2）。

图 2　参皇鸡 1 号配套系鸡商品鸡

地方鸭品种

靖 西 大 麻 鸭

一、一般情况

靖西大麻鸭，当地群众又称为"马鸭"。属肉用型地方品种，以体型大，产肉性能好驰名。

（一）中心产区及分布

原产于靖西市。中心产区为靖西市的新靖、地州、武平、壬庄、岳圩、化峒、湖润等乡镇。主要分布于靖西市内各乡镇。与靖西市相邻的德保、那坡的部分乡村也有分布。全县存栏量有种鸭 5 500 只，年饲养肉鸭 40 多万只。

（二）自然生态条件

靖西市位于东经 105° 56′ ~ 106° 48′，北纬 22° 51′ ~ 23° 34′，东与南宁地区天等县、大新县接壤，南与越南高平省毗邻，西连那坡县，北界百色市、云南省富宁县，东北紧靠德保县。靖西市地势由西北向东南倾斜，呈阶梯状，西北部海拔 706 ~ 850 m，东南部海拔 250 ~ 650 m，最高海拔为 1 455 m，最低海拔为 250 m。产区位于亚热带季风性气候，气温 5 ~ 33 ℃，年平均气温 19 ℃，历年最高气温 36.6 ℃，最低气温 –1.9 ℃。昼夜温差大，年降水量 1 566 mm；相对湿度 73 % ~ 85 %，无霜期 329 d。靖西市河流分属左右江两大水系，左江水系中的主要河流有黑水河干流——难滩河，其地表部分的源头在新靖镇环河村渔翁撒网东测石山脚下的大龙潭，流经新靖、化峒、岳圩，出越南后折回大新县的德天。其支流有庞凌河、鹅泉河，逻水河、坡豆河、多吉河、禄峒河、龙邦河。右江水系有岜蒙河、那多河、照阳河。靖西市境内土壤质地分为沙土、沙壤、壤土、黏壤和黏土 5 类，壤土为主，黏壤次之。产区种植的农作物种类有水稻、玉米、甘薯、大豆、花生等。

二、品种来源与发展

（一）来源

靖西大麻鸭的品种形成历史缺乏可查考的文字记载，从品种的外貌特征和蛋壳颜色看，可能是绿头野鸭和班嘴野鸭杂交的后代，经过当地群众长期驯化、选择而形成。产区地处桂西山区，以养大鸭为荣，每年的农历七月十四，当地壮族群众都有消费鸭子的习俗，形成独特的鸭圩，鸭圩日供出售的鸭子摆满街边，购买者人流如潮，产地卖鸭也十分独特，1公1母做一笼配对出售，个体大的鸭子卖得好价钱，消费者也都精选大个的购买，或自用或做礼送亲戚朋友，这种消费习俗在当地已沿袭了数百年。可见当地的消费习惯和需要对靖西大麻鸭品种的形成是有积极影响的。

（二）发展

产地群众历来有养鸭和消费鸭的传统，20世纪90年代在主产区肉鸭饲养量达10万多只。近年饲养量不断提高，目前存栏种鸭0.55万只，年出栏肉鸭40多万只。

三、体型外貌

靖西大麻鸭体躯较大，体型呈长方形。腹部下垂不拖地。公鸭头颈部羽毛为亮绿色，有金属光泽，有白颈圈，胸羽红麻色，腹羽灰白色；背羽基部褐麻色，端部银灰色；主翼羽亮蓝色，镶白边，尾部有2～4根墨绿色的性羽，向上向前弯曲。母鸭体躯中等大小，羽毛紧凑，全身羽毛褐麻色，亦带有密集的两点似的大黑斑，主翼羽产蛋前亮蓝色，产蛋后黑色，眼睛上方有带状白羽，俗称"白眉"。公鸭喙多为青铜色，母鸭多为褐色，亦有不规则斑点，两性喙豆均为黑色，胫蹼橘色或褐色。虹彩为黄褐色。肉色为米白色。皮肤为白色，若皮下脂肪含量较多的为黄色。

刚出壳的雏鸭绒毛紫黑色，背部左右两侧各有两点对称的黄点，俗称为"四点鸭"。

四、饲养管理

靖西大麻鸭以放牧饲养为主。可设简易鸭栏，栏内铺上稻草，白天将鸭放于溪流、田间，早、晚放牧、收牧时补喂玉米、甘薯、稻谷等，饲养多的在自己的鱼塘或河边建有简单鸭舍，喂料后放牧于河中。肉鸭的饲养以地面平养加放牧的方式进行，雏鸭早上先喂小鸭全价料，喂后放牧于田间或溪流，或于犁田耙地时，将雏鸭带上，放于耕作之中的田中，让鸭子采食翻土翻出的蚯蚓、蝼蛄等昆虫食饵。中大鸭早上饲喂少量玉米、水稻、三角麦、甘薯等农产品后以赶走的方式转移放牧。随社会经济的发展，现如今已有养鸭专业户，他们于河边搭建简单的鸭棚，分批进栏雏鸭，地面圈养，不完全放牧。育雏期给予适宜的温度、湿度、通风、光照及饲养密度，为雏鸭的生长发育创造一个良好的环境条件，饲料采用全价饲料，脱温后可放牧于鱼塘或河流中，让鸭自由采食大自然的昆虫、小鱼等，早晚适当补喂一些玉米、水稻、三角麦、甘薯等饲料至 60 ~ 70 d 出售。

五、品种保护与利用情况

靖西大麻鸭虽然觅食力强、耐粗饲、生活力强、适应性广、肉质好，但长期以来，靖西大麻鸭大都在农家小群饲养，没有进行系统的选育，个体间差异很大，尤其是靖西大麻鸭产蛋少，就巢性大，繁殖性能差，不适应集约化生产的需要，为提高靖西大麻鸭的品种整齐度和生产性能，1982 年，在靖西市建立了靖西大麻鸭保种场，对该品种进行保种繁育和推广。2003 年广西壮族自治区科技厅立项研究，开始进行系统的品系选育。父系着重选择早期生长速度快，产肉能力强、雄性特征明显，受精率高；母系着重提高产蛋量、受精率和孵化率。以父系配母系繁殖商品代供应市场。经过 3 年选育，种鸭的生产性能不断得到提高，商品代个体体重差异逐步缩小，生长速度和生活力也明显提高。

2002 年广西壮族自治区质量技术监督局颁布《靖西大麻鸭》地方标准，标准号 DB45/T 46—2002。

六、对品种的评估和展望

靖西大麻鸭是中国优良的大型麻鸭品种，早期生长速度快，产肉性能好，肉质鲜美，可作肉用方向培养。近年来，国际和国内市场对鸭肥肝的需求日益扩大，而适合填肥的地方品种并不多见，靖西大麻鸭以体型大，耐粗饲、适应性广著称，是鸭肥肝生产的理想品种，可开发利用作为鸭肥肝生产方向培育。

利用法国巴巴里鸭与靖西大麻鸭杂交生产骡鸭，也是开发利用靖西大麻鸭的重要途径。今后，在加强靖西大麻鸭本品种选育提高的同时，应加强其营养需要、饲养管理以及产品加工等方面的研究（图1）。

图1　靖西大麻鸭

广 西 小 麻 鸭

一、一般情况

广西小麻鸭属肉蛋兼用型地方品种，以产蛋多、肉质好著称。

（一）中心产区及分布

原产于广西水稻产区。现在中心产区为百色市的西林县，南宁市、钦州市、桂林市、柳州市、玉林市和梧州市以及与西林县相邻的云南省广南县、贵州省的兴义市也有分布。

（二）产区自然生态条件

广西小麻鸭主产于广西西江沿岸，即百色市西林县。地理坐标位于北纬24°01′~24°44′，东经104°29′~105°36′。全县总面积3 020 km²，东西长116 km，南北最宽79 km，最窄24 km，版图像一只西飞的凤凰。全境属亚热带大陆性季风气候。光热充足，冬无严寒，夏无酷暑。2008—2010年，极端最高温度41.0 ℃，极端最低温度1.7 ℃。平均气温19.9 ℃，平均日照时数为1 659.5 t，3年降水量分别为1 178.5 mm、797.3 mm、72.6 mm，平均降水量为743.5 mm。

二、品种的形成与变化

（一）品种形成

广西小麻鸭的形成历史缺乏可查考的记载，从体型外貌来看，很像绿头野鸭，可能是由当地野鸭驯养而形成。广西群众素有养鸭的习惯，利用水田、水库河溪，放牧其间，早出晚归，长期自繁自养，加之主产区交通不便，无外来血缘，在长期的自然和人工选择下，逐步形成了本品种。

（二）发展变化

广西群众历来有养鸭和消费鸭的习惯。20世纪90年代以前，广西饲养的鸭主要是当地的小麻鸭，饲养量达3000多万只。90年代中期以后，广西很多地方大面积推广饲养北京鸭和樱桃谷鸭，由于不注重品种保护，当地农户用北京鸭和樱桃谷鸭与小麻鸭杂交，很多地方的鸭种已经混杂，纯种小麻鸭的数量已逐年减少。目前，在主产区虽然有一定的数量分布，但是数量已经大为减少，2006年普查时存栏种鸭5万只，年饲养肉鸭800万～1000万只。

三、体型外貌

体型小而紧凑，身体各部发育良好。公鸭喙为浅绿色，母鸭为栗色，公母鸭胫、蹼均为橘红色，喙豆两性均为黑色。

公鸭头羽为墨绿色，有金属光泽，白颈圈，副翼羽上有翠绿色的镜羽，尾部有2～4根性羽向上翘起，体羽以灰色的居多。母鸭头羽为麻色，有白眉。虹彩为黄褐色。羽毛紧凑，体羽有麻黄色、黑麻色和白花色3种，以麻黄色居多，占90%。雏鸭绒毛颜色为淡黄色。肉色为米白色，皮肤黄色。

四、饲养管理

广西小麻鸭活泼好动，觅食性强，合群性好，适应性强，适宜于水面和稻田放牧饲养。一年四季以自然放牧为主，适当补饲谷类、玉米等。在育雏期，为了促进雏鸭生长，出壳2周内应喂全价配合饲料，并给予适宜的温度、湿度、通风、光照及饲养密度，20日龄可放牧饲养，早晚补喂玉米、米糠、麦糠等。出栏前2周，可多喂淀粉质的饲料如甘薯、玉米等进行育肥。

五、品种保护与利用情况

广西小麻鸭觅食性强，生长快，产蛋多，无就巢性，可作肉蛋兼用方向培养。但目前纯种小麻鸭的数量有下降趋势。应该注意加强保种和选育工作。

2015年广西壮族自治区质量技术监督局颁布《广西小麻鸭》地方标准，标准号DB45/T 1220—2015。

六、对品种的评估和展望

广西小麻鸭历来以农家小群自繁自养，没有经过系统的选育。改革开放以来，产区很多地方都引进了快大型白羽肉鸭饲养，片面追求经济利益，有的利用其与广西小麻鸭杂交，不注重对本品种的保护，从目前广西小麻鸭的数量看，有逐年下降的趋势，分布也缩小到桂北和桂西的山区，保种和选育工作应引起重视。广西小麻鸭属肉蛋兼用型，桂东南和桂西的小麻鸭生长速度相对较快，产肉性能好，可以用作父系来选育，桂北的小麻鸭个子小，产蛋较多，可以作为母系进行选育，用父系与母系进行杂交，生产商品代供应市场，这是提高广西小麻鸭生产性能的有效途径，广西小麻鸭产青壳蛋的比例也很高，也可以选育产青壳蛋的品系。广西小麻鸭体型小，产肉性能好、含脂肪少，肉佳味美，可加工成白切鸭、柠檬鸭、烧鸭和腊鸭，深受消费者的欢迎，在市场需求多样化的今天，肉质好的小型麻鸭越来越受群众的青睐，市场潜力很大，发展前景广阔（图1）。

图 1　广西小麻鸭

融水香鸭

一、一般情况

融水香鸭俗称三防鸭、三防香鸭、糯米香鸭，属肉蛋兼用型地方品种。因其主产区过去水稻种植以香粳糯为主，而所养的鸭其肉有特殊的、类似香粳糯的香味，故又称香鸭。

（一）中心产区及分布

主产区为融水县的三防镇、汪洞乡、怀宝镇、四荣乡。此外，主要分布于滚贝、杆洞、同练、安太、洞头、良寨、大浪、香粉、安陲等乡镇。

（二）产区自然生态条件

1. 产区经纬度、地势、海拔

融水县地处云贵高原苗岭向东延伸部分，位于东经 108° 27′ ～ 109° 23′，北纬 24° 47′ ～ 25° 42′。地面海拔高一般在 800 ～ 1 500 m，最高海拔 2 081 m，最低海拔 100 m。

2. 气候条件

融水县属于中亚热带季风气候区，气候温暖湿润，四季分明。多年平均气温为 19.3℃，极端最低为 -3.0℃。年平均降水量平原为 1 824.8 mm，山区为 2 194.6 mm，年平均日照 1 379.7 h，年相对湿度为 79%。年平均无霜期为 320 d，年降水量 1 745.5 ～ 2 194.6 mm。

3. 水源及土质

融水县属于珠江水系柳江流域，全县以山地地貌为主，过境河为融江。境内有贝江、英洞河、大年河、田寨河等河流。境内汇水面积达 3 843.9 km²，占全县干流、支流的 82%，其中以贝江干流最长，支流最多，其干流长 146 km，汇水面积 1 762 km²。年径流量 6.52×10^9 m³，占柳州地区的 22.9%。全县水资源包括地表水和地下水，主要使用地表水。

全县土壤共分为 6 个土类，14 个亚类，45 个土属、105 个土种。主要分为自然土、旱地土壤、水稻地土壤等。耕作土耕层较厚，有机质含量中等，pH 值呈微酸性，含磷含钾量中等。

4. 农作物种类及生产情况

农作物主要有水稻、玉米、甘薯、木薯、甘蔗，其次是芭蕉芋、南瓜、黑米、黑芝麻、大豆、白豆、竹豆、黑豆、小米、高粱、芋头等。据统计，2005 年粮食总产量 123 408 t，其中玉米产量 4 679 t，稻谷产量 95 733 t，甘蔗产量 319 242 t，其他作物蔬菜产量 92 277.05 t。

5. 土地利用情况、耕地及草场面积

融水县土地面积为 4 663.8 km²，全县耕地面积 2.3×10^4 hm²，林地 9.53×10^4 hm²，各类草场 2.4×10^5 hm²。

6. 品种对当地的适应性及抗病情况

融水香鸭是在放牧为主、辅以饲喂当地种植的谷物及农副产品的粗放条件下育成的，具有觅食力强、耐粗饲的特点，在适应当地自然条件的同时，其抗病力也较强，在进行鸭瘟等免疫的情况下，其病死率在 8% 以下。

二、品种来源及发展

(一) 品种来源

融水县群众特别是山区群众素有利用田间、山沟溪流养鸭习惯，在交通不便的山区，养鸭是山区群众肉食的主要来源，同时也是群众的经济来源之一。融水香鸭的饲养历史悠久，具体始于何时已无据可考。融水香鸭的形成，除长期的人工选育作用外，气候、自然地理环境等生态条件的影响，农户长期使用的本地香粳糯、玉米等农副产品饲料，与品种形成有着极为密切的关系，加之当时融水交通闭塞，只能自繁自养，外来血缘无法进入干扰，因而遗传性能比较稳定，由于自然选择的结果，其耐粗饲、抗逆性强等优良性状也获得了巩固和加强。

融水香鸭最大的特点是肉质含有特有的香鲜味，无腥膻味，肌肉丰满，皮

下脂肪少，产青壳蛋的比例达到50%左右，对本地自然环境具有良好的适应性，并具有较好的市场开发潜力。融水县1999年开始建立原种场，进行本品种选种选育工作，经过多年的提纯复壮，遗传性能更趋稳定，已成为一个具有地方特色的优良品种。

（二）群体数量

据统计，2005年融水香鸭饲养量35万只，出栏30万只。种鸭存栏3280只，其中能繁母鸭2980只，种公鸭300只，选育后备母鸭1894只，公鸭200只，其中保种场种母鸭1125只，种公鸭130只，产鸭苗13.5万只，肉鸭43420只。全县饲养融水香鸭50只以上有1523户，年饲养100只以上有750户，年饲养200只以上的有75户，年饲养量3万只的有2个场，建立融水香鸭原种繁育场5个。2019年存栏种鸭约2万只，年出栏肉鸭20万只。

（三）近15～20年消长形势

1. 数量和分布变化情况

融水香鸭近20年来逐年在增加，1986年以前主要是农户零散饲养，各户饲养量都不是很大，每户30～50只，年出栏5万只，这种情况一直延续到1999年；1999年融水贝江养殖公司成立，当时公司在三防镇的种鸭场有种鸭800多羽，年出鸭苗8万多只，年出肉鸭将近10万只，此种情况只维持了半年，由于当时的市场开发等原因，造成肉鸭难销而价格很低，从而影响今后几年的生产；2000—2003年每年出栏量都在7万只左右，2002年得到广西自治区科技厅和自治区畜牧总站的支持，开展了融水香鸭的保种选育工作，所以2003年后融水香鸭饲养量才开始有所回升，年出栏达15万只，随后又得到柳州市市委的大力支持，融水香鸭的发展很快，2006年融水香鸭饲养量达40万只，出栏35万只；2007年预计饲养量达45万只，出栏达40万只。

2. 濒危程度

融水香鸭在主产区有一定数量分布，参照《畜禽遗传资源调查手册》中畜禽品种濒危程度的确定标准，属无危险。

二、体型外貌

融水香鸭体型较小，颈短，体羽白麻；头小，雏鸭喙黄色，成年鸭喙为橘黄色或褐色，喙豆黑色；虹彩黄褐色；雏鸭胫、蹼均呈黄色。成年鸭胫、蹼为橘黄色或棕色、爪为黑色；皮肤呈淡黄色。

成年公鸭头羽及镜羽有翠绿色金属光泽，颈上部有白羽圈，副翼羽有紫蓝色镜羽，鞍羽呈紫黑色，尾羽紫黑色与白羽毛相间，有 2 ~ 4 根紫黑色雄性羽。成年母鸭头部腹侧的羽毛呈白色或浅灰色，副翼羽上有翠绿色或紫蓝色金属光泽。其余的羽毛颜色呈珍珠状白麻花色。

雏鸭绒毛呈淡黄色，喙和胫呈橘黄色。肉色呈深红色。

四、饲养管理

在本地条件下自繁自养形成的，对自然条件适应性广，抗病能力强，耐粗饲，性情温顺，适宜大群饲养，以放牧为主，可利用河流、水库、小溪、稻田放牧，饲喂主要采用本地生产的农作物及其副产品，特别是本地香糯。育雏阶段采用全价料，要求粗蛋白质含量 19% 以上，能量 11 095 kJ/kg 以上，20 日龄后可逐步添加优质牧草或浮萍等青粗料喂养，中后期青粗饲料可占到 30% 以上。20 日龄后可下水放牧饲养，让鸭采食大自然的昆虫、小鱼、小虾等，早晚补喂由玉米、米糠、麦糠等占 50% ~ 70%、青粗饲料占 30% 以上的自配料直至出栏，以保持该品种的原有肉质香味。

五、品种保护与研究利用现状

自 1999 年以来先后建立 5 个保种场，制定了保种选育计划，2002 年得到了自治区畜牧总站，自治区科技厅的支持，这几年来一直按当年制定的保种选育计划进行不间断的工作。

2002 年由县畜牧站制定了融水香鸭品种登记制度。2011 年自治区质量技术监督局颁布《融水香鸭》地方标准，标准号 DB45/T 750—2011。

六、对品种的评估和展望

融水香鸭主要特点是耐粗饲、抗病力强、肉质好、产青壳蛋比例高；缺点为产蛋量较低、生长速度慢。今后的选育方向：一是选育耐粗饲优质肉用鸭品系；二是选育一个高产的青壳蛋鸭品系；三是可以考虑利用融水香鸭与其他品种鸭进行杂交组合，育成新品系（图 1）。

图 1　融水香鸭

龙胜翠鸭

一、一般情况

龙胜翠鸭属蛋肉兼用型地方品种，因其全身羽毛黑色带有墨绿色、呈翡翠般的金属光泽而得名。当地群众俗称"洋洞鸭"。

（一）中心产区及分布

原产地为龙胜各族自治县马堤乡、伟江乡，目前仅发现马堤乡和伟江乡的边远山区有少量饲养，数量 5 000 ~ 6 000 只。

（二）产区自然生态条件及对品种形成的影响

1. 产区的经纬度、地势、海拔

龙胜各族自治县位于广西壮族自治区东北部，地处越城岭山脉西南麓的湘桂边陲，北纬 25° 29′ 21″ ~ 26° 12′ 10″，东经 109° 43′ 28″ ~ 110° 21′ 41″。全县境内山峦重叠，沟谷纵横，山高坡陡，是个典型山区县，素有"万山环峙，五水分流"之说。地势呈东、南、北三面高而西部低。全境山脉，越城岭自东北逶迤而来，向西南绵延而去。海拔 700 ~ 800 m，最高点为大南山，海拔 1 940 m，最低海拔 163 m。

2. 气候条件

地处亚热带，年平均气温 18.1℃，最高气温 39.5℃，最低气温 −4.3℃。全年光照为 1 244 h，平均每天光照 3.4 h，平均无霜期 314 d，年降水量 1 500 ~ 2400 mm，相对湿度 80%，风力 1 ~ 3 级。

3. 水源及土质

境内大小河流 480 多条，总长 1 535 km，年径流量 $2.626\ 1 \times 10^{10}$ m³，主河

为桑江，贯穿全县 88 km，为浔江上游，属珠江水系。近年来大小河流相继兴建了大批的拦河水库电站。土壤成土母岩 90% 以上是砂页岩，土层深厚，有机质较丰富。

4. 农作物、饲料作物种类及生产情况

主要农作物有水稻、玉米、甘薯；其次是大豆、白豆、冬瓜、南瓜、芋头、花生、马铃薯、凉薯等；水果有柑橘、南山梨、桃、李等。2007 年粮食产量 438 366 t。

5. 土地利用情况

全县总面积为 2 370.8 km^2，其中耕地面积为 12 000 hm^2，水域面积 3 600 hm^2，草山草坡面积 34 000 hm^2。森林覆盖率 74.3%，生态环境优越，1997 年 2 月被国家环境保护局定为全国生态建设示范区。

6. 品种对当地的适应性及抗病情况

龙胜翠鸭是长期封闭饲养形成的，对本地生态环境具有较强的适应性，仅喂以谷物及农副产品即可存活，耐粗饲，耐寒。

二、品种来源及发展

（一）品种来源及发展

据《龙胜县志》（1990 年 7 月出版）记载，民国三十二年（1943 年）全县养鸭约 8 400 只。很早以前，马堤苗族居住地区饲养有一种体型稍长的"洋洞鸭"（侗族语意思是苗鸭，即苗族人养的鸭）。"洋洞鸭"以黑羽毛黑脚为其外貌特征，产青壳蛋。这与苗族同胞崇尚黑色有关，苗族人喜欢穿黑衣服，包黑头巾，吃黑糯饭，也喜欢养黑色的鸭，同时认为青壳蛋具有清凉滋补作用。经过长期的选择形成了具有黑色羽毛又产青壳蛋的"洋洞鸭"。因其全身黑色的羽毛带有墨绿色呈翡翠般的金属光泽而又称为"翠鸭"。据苗族流传手抄本《根本列》记载，苗族于元代天顺元年开始迁入马堤、伟江一带。大多居住在丛林之中，栖息繁衍，过着自给自足的生活。境内山高、坡陡、谷深，海拔均在 500 m 以上，形成与外界隔离的天然屏障。通过对苗族地区群众的走访调查得知，洋洞鸭是苗族人民传统养殖的鸭品种，苗族同胞喜欢养鸭，20 世纪 60 年代前，几乎每家每户都养有洋洞鸭，除了用作逢年过节和招待贵客的美味佳

肴，洋洞鸭还是苗族同胞风俗活动的尚品，如苗族人的婚礼有"见门笑"和抢"铺床鸭"的风俗。"见门笑"即男女青年互相相中后，男方托人带"见门笑"即：一只翠鸭，一壶酒，到女方家提亲。抢"铺床鸭"即为新娘未入门前，要已生育孩子的年轻妇女布置洞房，铺被安枕，晚餐后，由执事人将做好的全鸭当众谢酬铺床妇女，当鸭未至受领人，被男青年们抢接，引起女青年们之"不满"，而形成一个男女青年抢"铺床鸭"的场面。每年的农历六月初六傍晚，苗族同胞还要用鸭子为祭品，来到自家田边祭祀田神，祈求丰收年景。从这些与翠鸭有关的苗族文化中，无不折射出龙胜翠鸭的形成历史。"龙胜翠鸭"就是在这相对封闭的环境、苗族特有的传统风俗以及苗族群众崇尚黑色等历史条件下，苗族群众自繁自养、长期的选育而形成的。

（二）群体规模

目前仅发现马堤乡和伟江乡有少量饲养，数量 5 000 ～ 6 000 只。

（三）近 15 ～ 20 年群体数量的消长

20 世纪 60 年代以前，马堤乡的苗家每家都养有翠鸭，70 年代以后，由于群体数量少而分散，繁殖技术落后，又不注重品种保护，使本品种逐年减少。1982 年畜牧区划资源调查，全县年饲养量约 2 000 只，到了 2007 年减少到不足 100 只。引起了各级主管部门重视，加大了资源保护力度，品种群体数量得到恢复性增长，2008 年年底存栏达到 5 000 ～ 6 000 只。

三、体型外貌

龙胜翠鸭的外貌特征可概括为"两黑""两绿"。"两黑"是指黑羽毛，黑脚；"两绿"是指喙为青绿色，羽毛带孔雀绿的金属光泽。公鸭体型呈长方形，颈部粗短，背阔肩宽，胸宽体长。母鸭体型短圆，胸宽，臀部丰满。公母鸭眼大有神，喙为青绿色，喙豆黑色，虹彩墨绿色。

公鸭头颈羽毛为孔雀绿色，部分颈及胸下间有小块状白羽斑，背、腰羽毛黑色并带金属光泽，镜羽蓝色，尾羽墨绿色，性羽呈墨绿色向背弯曲。母鸭全身羽毛墨黑色并带金属光泽，镜羽墨绿色。公鸭胫为黄黑色，母鸭胫为黑色；肤色多为白色，少量浅黑色，肉红色。

四、饲养管理

龙胜翠鸭觅食性强，合群性好，适宜于水面和稻田放牧饲养。一年四季以自然放牧为主，适当补饲谷类、玉米等。在育雏期，为了促进雏鸭生长，出壳2周内应喂全价配合饲料，并给予适宜的温度、湿度、通风、光照及饲养密度，20日龄可放牧饲养，早晚补喂玉米、米糠、麦糠等。出栏前2周，可多喂淀粉质的饲料如甘薯，玉米等进行育肥。

五、品种保护与研究利用现状

截至目前，尚未开展过针对龙胜翠鸭品种生化和分子遗传方面的测定研究工作。也未对本品种开展保种和开发利用方面的工作。

六、对品种的评价和展望

龙胜翠鸭具有独特的体型外貌，有极高的观赏性，并且肉质细嫩无腥味，有极好的市场开发潜力，是鸭品种不可多得的遗传资源。同时，龙胜翠鸭没有经专业选育就有50%产青壳蛋，在发展青壳蛋鸭品种方面有极高的研究价值。但龙胜翠鸭没有进行专业选育生产性能还比较低，个体差异较大，有待于进一步研究和开发（图1）。

图1　龙胜翠鸭

地方鹅品种

右 江 鹅

一、一般情况

右江鹅属肉用型地方品种。

（一）原产地、中心产区及分布

原产于百色市。中心产区为百色市的右江区。主要分布于田阳县、田东县等右江两岸以及田林县内各乡镇。南宁、钦州、玉林和梧州等地也有分布。

（二）产区自然生态条件

百色市位于广西西部，地处东经 $104° 28' \sim 107° 54'$，北纬 $22° 51' \sim 25° 07'$。属丘陵广谷地貌，全市地势西北高，东南低，从西北向东南倾斜。北与贵州接壤，西与云南毗连，东与南宁相连，南与越南交界，是滇、黔、桂 3 省区结合部。产区位于亚热带季风气候，光热充沛，雨热同季，夏长冬短，作物生长期长，越冬条件好。年平均气温 $19.0 \sim 22.1℃$，大于 $10℃$，全年无霜期 $330 \sim 363$ d，年平均日照 $1\,405 \sim 1\,889$ h，年平均降水量 $1\,113 \sim 1\,713$ mm。百色 1/3 的土地面积为喀斯特地貌，蕴藏着巨大的地下水系。百色市内有澄碧河水库、靖西渠洋水库等。河流纵横交错，水资源丰富。全市地表河流年平均径流量为 1.724×10^{10} m³，境外流入境内年平均水量约为 4.078×10^{9} m³，地下水资源总量达 4.1×10^{9} m³；全市多年平均降水量约为 4.8×10^{10} m³，为全国平均降水量的 2 倍多。全市总面积中，山区占 95.4 %（石山占 30 %，土山占 65.4 %），丘陵、平原仅占 4.6 %。耕地面积 3.093×10^{5} hm²，粮食播种面积 3.16×10^{5} hm²，经济作物种植面积 9.45×10^{4} hm²，草场面积 1.512×10^{6} hm²。

种植的农作物种类有水稻、玉米、甘薯、大豆、花生等。全市农作物种

植面积 $2.367 \times 10^5\ hm^2$，经济作物种植面积 $1.187 \times 10^5\ hm^2$。主产水稻和玉米。

二、品种来源及发展

(一) 品种来源

百色市右江及驮娘江流域的群众，历来有养鹅和吃鹅肉的习惯。百色市建城之初，因养鹅多而被誉为"鹅城"。可见，右江鹅的饲养历史悠久。关于右江鹅品种的形成缺乏可查考的文字记载，可能是鸿雁经过当地群众长期驯化、选择培育而成。

(二) 群体规模

据统计，1982年主产区右江鹅达6万多只。到2006年年底，全市存栏不足1.2万只。目前尚未进行过专门化的选育工作。现存的右江鹅种群多是群众自繁自养，自然选择与淘汰。

(三) 近 15 ~ 20 年群体数量的消长

20世纪80年代6万多只，20年来产区养鹅的数量逐年减少，到2019年年底，全市存栏不足1.2万只。右江鹅尽管在主产区有一定数量分布，但种鹅数量不足1 000只。

三、体型外貌

右江鹅体长如船形，成年公母鹅背宽胸广，腹部下垂。公鹅黑色肉瘤较小，颔下无垂皮，虹彩为褐色。母鹅头较小，清秀，额上无肉瘤，颔下也没有垂皮。

成年公鹅头、颈部背面的羽毛呈棕色，腹面羽毛为白色，胸部羽毛为灰白色，腹羽为白色，背羽灰色镶琥珀边，主翼羽前两根为白色，后8根为灰色镶白边，灰色镶白边斜上后外伸，头和喙肉瘤交界处有1小白毛圈。成年母鹅头、颈部背面羽毛为棕灰色，胸部灰白色，腹部白色。1日龄出壳雏鹅绒毛灰色。胸背颜色较深，腹部较浅。

公母鹅肉色为米白色，骨膜为白色；喙为黑色、跖、蹼均为橘红色，爪和喙豆为黄色。肤色为黄色，皮薄，脂少毛孔中等大，表面光滑。

四、饲养管理

右江鹅性情温驯，管理粗放，一年四季均以自然放牧为主，抗病力强，生长较快，一般3月龄体重 2.25 ~ 3.5 kg，4月龄达到 4.5 kg。右江鹅的饲料以青粗料为主，补饲谷类、玉米等。出壳1周内、育肥期和产蛋期间以精料为主。1周龄内的雏鹅，每昼夜喂食6~7次，其中，白天5~6次，晚上1~2次，5日龄后可以开始放牧，放牧应选择在鲜嫩草地，且适时转移，保证雏鹅采食充足。随觅食能力增强，每天喂食可逐步减少到白天3次，晚上1次。

1月龄左右脱换旧羽生长新羽的时期，其适应外界环境的能力增强，消化能力很强，需要足够的营养来保证生长发育的需要。有节奏地放牧，使鹅群吃得饱，长得快。同时晚上适当补饲。4月龄的右江鹅已达成年体重，如作肉用即可出栏，如留作种用，仍以放牧为主，临产前和产蛋期间加喂些精料，提高鹅的繁殖性能。

五、品种保护与研究利用现状

右江鹅可以作肉用方向培养。但目前种鹅数量不足1 000只，处于濒危灭绝的状态。截至目前，尚未开展右江鹅品种生化和分子遗传方面的测定研究工作，尚未建立保种场。

《右江鹅》地方标准，标准号：DB45/T 341—2006。

六、对品种的评估和展望

右江鹅是广西地方优良品种，具有肉味甜嫩，性情温驯，耐粗饲，抗病力强，合群性好，易饲养，管理粗放，生长发育快等特点，是为数不多的可产青壳蛋的鹅种。但长期以来，右江鹅大都在农家小群饲养，没有进行系统的选育，个体间差异很大，尤其是右江鹅产蛋少，就巢性大，繁殖性能差，不适应集约化生产的需要，要改变这种状态必须要建立保种场，并进行本品种选育和改良（图1）。

图1　右江鹅

参考文献

陈福柱，梁日新，2002. 容县"霞烟鸡"：傲立枝头待时飞 [J]. 广西经济（12）：35-36.

陈伟生，2006. 畜禽遗传资源调查技术手册 [M]. 北京：中国农业出版社 .

陈祥林，吴梦琴，宁淑芳，等，2006. 7 ~ 12 周龄古典型岑溪三黄鸡营养需要量研究 [J]. 广西农业科学（5）：589-591.

广西家畜家禽品种志编辑委员会，1987. 广西家畜家禽品种志 [M]. 南宁：广西人民出版社 .

李康然，曾泽海，1993. 广西霞烟鸡抗马立克氏病选育报告 [J]. 广西农业大学学报（1）：57-64.

李开达，陈健波，2003. 不同的饲料组合对古典型岑溪三黄鸡的生长性能及肉质的影响 [J]. 广西畜牧兽医（1）：5-9.

李开达，2005. 古典型岑溪三黄鸡的绿色革命 [J]. 广西畜牧兽医（5）：211-213.

梁远东，2006. 广西三黄鸡配套系选育技术（一）——选育性状与纯系培育技术应用浅析 [J]. 广西畜牧兽医（2）：86-88.

梁远东，2006. 广西三黄鸡配套系选育技术（二）——留种鸡选择与配套制种技术应用分析 [J]. 广西畜牧兽医（3）：134-136.

廖玉英，2015. 广西乌鸡线粒体 DNA D-LOOP 区序列遗传多样性分析 [J]. 中国家禽（13）：9-12.

唐明诗，1993. 霞烟鸡杂交改良经济性能探讨 [J]. 畜牧与兽医（6）：264-265.

覃桂才，2005. 岑溪三黄鸡坐飞机赶宴席 [J]. 中国禽业导刊（13）：42-42.

韦凤英，廖玉英，2002. 银香麻鸡和霞烟鸡早熟品系选育与应用研究 [J]. 中国家禽（18）：12-14.

韦凤英，林二克，2006. 地方鸡育种特色与创新 [J]. 中国家禽（22）：41-42.

曾宪为，2005. 霞烟鸡品种标准化研究工作初报 [J]. 广西畜牧兽医（1）:8-10.

附　　录

中国家禽遗传资源名录

一、鸡

序号	品种名称	序号	品种名称	序号	品种名称
			一、地方品种		
1	北京油鸡	31	东乡绿壳蛋鸡	61	中山沙栏鸡
2	坝上长尾鸡	32	康乐鸡	62	广西麻鸡
3	边鸡	33	宁都黄鸡	63	广西三黄鸡
4	大骨鸡	34	丝羽乌骨鸡	64	广西乌鸡
5	林甸鸡	35	余干乌骨鸡	65	龙胜凤鸡
6	浦东鸡	36	济宁百日鸡	66	霞烟鸡
7	狼山鸡	37	鲁西斗鸡	67	瑶鸡
8	溧阳鸡	38	琅琊鸡	68	文昌鸡
9	鹿苑鸡	39	寿光鸡	69	城口山地鸡
10	如皋黄鸡	40	汶上芦花鸡	70	大宁河鸡
11	太湖鸡	41	固始鸡	71	峨眉黑鸡
12	仙居鸡	42	河南斗鸡	72	旧院黑鸡
13	江山乌骨鸡	43	卢氏鸡	73	金阳丝毛鸡
14	灵昆鸡	44	淅川乌骨鸡	74	泸宁鸡
15	萧山鸡	45	正阳三黄鸡	75	凉山崖鹰鸡
16	淮北麻鸡	46	洪山鸡	76	米易鸡
17	淮南麻黄鸡	47	江汉鸡	77	彭县黄鸡
18	黄山黑鸡	48	景阳鸡	78	四川山地乌骨鸡
19	皖北斗鸡	49	双莲鸡	79	石棉草科鸡
20	五华鸡	50	郧阳白羽乌鸡	80	矮脚鸡
21	皖南三黄鸡	51	郧阳大鸡	81	长顺绿壳蛋鸡
22	德化黑鸡	52	东安鸡	82	高脚鸡
23	金湖乌凤鸡	53	黄郎鸡	83	黔东南小香鸡
24	河田鸡	54	桃源鸡	84	乌蒙乌骨鸡
25	闽清毛脚鸡	55	雪峰乌骨鸡	85	威宁鸡
26	象洞鸡	56	怀乡鸡	86	竹乡鸡
27	漳州斗鸡	57	惠阳胡须鸡	87	茶花鸡
28	安义瓦灰鸡	58	清远麻鸡	88	独龙鸡
29	白耳黄鸡	59	杏花鸡	89	大围山微型鸡
30	崇仁麻鸡	60	阳山鸡	90	兰坪绒毛鸡

（续表）

序号	品种名称	序号	品种名称	序号	品种名称
一、地方品种					
91	尼西鸡	98	盐津乌骨鸡	105	拜城油鸡
92	瓢鸡	99	云龙矮脚鸡	106	和田黑鸡
93	腾冲雪鸡	100	藏鸡	107	吐鲁番斗鸡
94	他留乌骨鸡	101	略阳鸡	108	麻城绿壳蛋鸡（2012）
95	武定鸡	102	太白鸡	109	太行鸡（2015）
96	无量山乌骨鸡	103	静原鸡		
97	西双版纳斗鸡	104	海东鸡		
二、培育品种					
1	新狼山鸡	17	岭南黄鸡3号（2010）	33	苏禽绿壳蛋鸡（2013）
2	新浦东鸡	18	金钱麻鸡1号（2010）	34	天露黄鸡（2014）
3	新扬州鸡	19	大恒699肉鸡（2010）	35	天露黑鸡（2014）
4	京海黄鸡（2009）	20	新杨白壳蛋鸡（2010）	36	光大梅黄1号肉鸡（2014）
5	皖江黄鸡（2009）	21	新杨绿壳蛋鸡（2010）	37	粤禽皇5号蛋鸡（2014）
6	皖江麻鸡（2009）	22	南海黄麻鸡1号（2010）	38	桂凤二号肉鸡（2014）
7	良凤花鸡（2009）	23	弘香鸡（2010）	39	金陵花鸡（2015）
8	金陵麻鸡（2009）	24	新广铁脚麻鸡（2010）	40	大午金凤蛋鸡（2015）
9	金陵黄鸡（2009）	25	新广黄鸡K996（2010）	41	天农麻鸡（2015）
10	京红1号蛋鸡（2009）	26	五星黄鸡（2011）	42	新杨黑羽蛋鸡（2015）
11	京粉1号蛋鸡（2009）	27	凤翔青脚麻鸡（2011）	43	豫粉1号蛋鸡（2015）
12	雪山鸡（2009）	28	凤翔乌鸡（2011）	44	温氏青脚麻鸡2号（2015）
13	苏禽黄鸡2号（2009）	29	振宁黄鸡（2012）	45	农大5号小型蛋鸡（2015）
14	墟岗黄鸡1号（2009）	30	潭牛鸡（2012）	46	科朗麻黄鸡（2015）
15	皖南黄鸡（2009）	31	金种麻黄鸡（2012）		
16	皖南青脚鸡（2009）	32	大午粉1号蛋鸡（2013）		
三、引进品种					
1	隐性白羽肉鸡	3	来航鸡	5	贵妃鸡
2	矮小黄鸡	4	洛岛红鸡		

二、鸭

序号	品种名称	序号	品种名称	序号	品种名称
		一、地方品种			
1	北京鸭	13	文登黑鸭	25	建昌鸭
2	高邮鸭	14	淮南麻鸭	26	四川麻鸭
3	绍兴鸭	15	恩施麻鸭	27	三穗鸭
4	巢湖鸭	16	荆江麻鸭	28	兴义鸭
5	金定鸭	17	沔阳麻鸭	29	建水黄褐鸭
6	连城白鸭	18	攸县麻鸭	30	云南麻鸭
7	莆田黑鸭	19	临武鸭	31	汉中麻鸭
8	山麻鸭	20	广西小麻鸭	32	褐色菜鸭
9	中国番鸭	21	靖西大麻鸭	33	缙云麻鸭（2011）
10	大余鸭	22	龙胜翠鸭	34	马踏湖鸭（2015）
11	吉安红毛鸭	23	融水香鸭		
12	微山麻鸭	24	麻旺鸭		
		二、培育品种			
1	苏邮1号蛋鸭(2011)	2	国绍Ｉ号蛋鸭（2015）		
		三、引进品种			
1	卡叽—康贝尔鸭	2	瘤头鸭		

三、鹅

序号	品种名称	序号	品种名称	序号	品种名称
		一、地方品种			
1	太湖鹅	11	广丰白翎鹅	21	乌棕鹅
2	籽鹅	12	莲花白鹅	22	阳江鹅
3	永康灰鹅	13	百子鹅	23	右江鹅
4	浙东白鹅	14	豁眼鹅	24	定安鹅
5	皖西白鹅	15	通州灰鹅	25	钢鹅
6	雁鹅	16	鄮县白鹅	26	四川白鹅
7	长乐鹅	17	武冈铜鹅	27	平坝灰鹅
8	闽北白鹅	18	溆浦鹅	28	织金白鹅
9	兴国灰鹅	19	马岗鹅	29	伊犁鹅
10	丰城灰鹅	20	狮头鹅	30	云南鹅（2010）
		二、培育品种			
1	扬州鹅	2	天府肉鹅（2011）		

注：“中国畜禽遗传资源名录”收录品种为《中国畜禽遗传资源志》（2011年版）收录的品种及截至2015年年末国家农业部公告认定的地方品种和培育品种。